飞行失效原理与仿真

杨顺昆　姚　琪　著

国防工业出版社

·北京·

内 容 简 介

本书在全面跟踪国内外飞行失效仿真技术发展的基础上,对各种因素导致的飞行器飞行失效进行了系统的总结,对相关失效原理进行了阐述,并结合具体应用案例介绍了失效可视化仿真实现方法。

本书共分 15 章,在深入调研飞行失效仿真历史及应用现状的基础上,总结了飞行失效仿真原理及飞行仿真环境的构建方法,从飞行器遭遇风切变、发动机空中停车、飞行控制系统失效、飞机积冰、空中交通防撞系统故障、自动驾驶仪故障、导航系统故障、执行装置故障和传感器故障等方面介绍了飞行器相关失效原理、国内外建模、测试、诊断和应对措施文献综述、相关故障案例并给出了仿真实现方法,同时详细介绍了如何利用 FlightGear 和 JSBSim 软件实现可视化飞行失效仿真的技术细节。

本书适合飞行仿真从业者、科研人员和相关专业的高校学生阅读,同时对可靠性研究者、航空事故分析人员、飞行器设计人员、航空业从业者等也具有参考意义。

图书在版编目(CIP)数据

飞行失效原理与仿真/杨顺昆,姚琪著 . —北京:
国防工业出版社,2023. 1
ISBN 978-7-118-12648-8

Ⅰ. ①飞… Ⅱ. ①杨… ②姚… Ⅲ. ①飞行原理 ②飞行模拟–计算机仿真 Ⅳ. ①V212 ②V211.73

中国版本图书馆 CIP 数据核字(2022)第 210989 号

※

国防工业出版社出版发行

(北京市海淀区紫竹院南路 23 号 邮政编码 100048)
天津嘉恒印务有限公司印刷
新华书店经售

*

开本 710×1000 1/16 印张 18 字数 330 千字
2023 年 1 月第 1 版第 1 次印刷 印数 1—1800 册 定价 108.00 元

(本书如有印装错误,我社负责调换)

国防书店:(010)88540777 书店传真:(010)88540776
发行业务:(010)88540717 发行传真:(010)88540762

　　进入 21 世纪以来,航空领域经历了前所未有的快速发展,从军用航空领域第五代战机的超声速、隐形技术日渐成熟,到民用航空领域国产大飞机的研制成功,再到通用航空领域无人机在航拍摄影、勘探救援等领域发挥着不可替代的作用,科技的进步为航空事业的发展带来了巨大动力。在航空领域取得巨大进步的同时,飞行安全与可靠性问题越来越受到人们的重视。编写本书的目的是让从事可靠性研究和飞行仿真应用的人们了解飞行失效仿真的原理与方法。在本书中,通过仿真还原一些飞行事故的经过,将飞行失效从原理、仿真方法和可视化的角度展现出来,验证飞行器的飞行特性,获取模拟飞行器的实时参数,从而在一定程度上提高飞行器的可靠性。同时,可以节约飞行器设计和事故原因探寻中的安全成本、经济成本和时间成本。

　　本书主要分为三部分。第一部分对飞行仿真原理进行了介绍,内容包括飞行模拟器的构成、建模原理、飞机动力学以及飞行控制系统的实现,同时还总结了目前军用和民用航空的主要飞行仿真系统,并分析了各飞行仿真系统的优势。

　　第二部分主要介绍飞行仿真环境的构建,针对本书所使用的主要飞行仿真软件 FlightGear 和 JSBSim,分别介绍其各自特点及用法,对其在各领域应用做了简要概述,并说明了各自的编译方法,使读者可以从源代码层面去修改软件,获得想要实现的功能与失效仿真,提高了飞行失效仿真的拓展性。该部分还创新性地将失效仿真、飞行器可视化仿真和飞行动力学仿真结合到一起,使得本书中的飞行失效仿真既有动力学原理支撑、又有失效故障原理的注入,同时还具有可视性。

　　第三部分针对引发飞行事故的不同失效因素,收集了一些飞机关键系统或部件失效后造成的飞行事故的真实案例,对飞机具体系统或部件进行失效仿真,通过实例对飞行失效仿真进行了更深入具体的介绍,提供了具体的失效仿真过程介绍,以及飞行数据的实时获取,并利用已获得的数据进行飞行过程分析,对于飞行器失效过程模拟和原因探寻具有一定的指导意义。

当然,飞行仿真软件不止本书所列举的几种,失效仿真方法也包含各种不同的方面,本书不可能尽其细微之处。但是,通过学习本书的仿真实例,可以为人们提供一种针对飞行故障失效仿真的新思路,一种利用特定飞行仿真软件进行故障还原和可靠性测试的新方法,一种通过仿真而获得模拟实时飞行数据的新途径。

由于作者水平有限,书中难免存在一些不妥之处,敬请广大读者斧正。

作　者
2021 年 11 月

目　录

第1章 绪　　论

1.1　飞行仿真历史

1. 物理仿真阶段

飞行仿真模拟开始于 20 世纪初,早期的飞行模拟的目的是让飞行员体验操纵感受,因此部分为一些物理实物仿真模型,它们能实现一些飞行器的动力学和操纵特性,主要用于飞行员的训练中。1910 年出现第一个地面训练系统,其构造简单,外观如同一个剖成两半的木桶,附着于活动支架上,可以用来模拟飞机的俯仰和滚动。20 世纪 20 年代后期,公认的现代飞行仿真创始人 Edwin Link 开发了一款飞行仿真训练设备,他利用压缩空气转动驾驶舱,驱动压力计来模拟航空仪表,从而能完成相当一部分仪表飞行训练项目。美国陆军航空队从 Link 公司采购了 6 部飞行模拟器用于飞行训练,这是飞行仿真训练的价值首次被航空界认可。

2. 模拟仿真阶段

20 世纪 40—60 年代,模拟仿真技术采用模拟计算机仿真技术:到 50 年代末期采用模拟/数字混合仿真方法。模拟计算机仿真是根据仿真对象的数字模型将一系列运算器(如放大器、加法器、乘法器、积分器和函数发生器等)以及无源器件,如电阻器件、电容器、电位器等相互连接而形成仿真电路。通过调节输入端的信号来观察输出端的响应结果,进行分析和把握仿真对象的性能。在航空领域,模拟计算机被用于建立由一系列非线性微分方程组成的代表飞机动力学运动模型的公式,为研究实验室中的设计师提供了开发先进控制系统的优化手段,同时也对分析和研究飞行器制导系统及星上设备的性能起着重要的作用。

贝尔实验室的 Dehmel 博士积极投身到飞行模拟器的开发中,他在 1943 年说服了柯蒂斯–莱特公司制造他研发的飞行模拟器并在之后与泛美航空合作,为波音 377 开发制造了一台飞行模拟器,这也是第一个由航空公司拥有的飞机模拟器。

1947年,英国海外航空公司(BOAC)也决定采购一款类似波音377模拟器的设备,并在1950年与雷迪丰公司和柯蒂斯-莱特公司达成开发协议,开发新的训练设备。这台设备采用了交流波,用电位器进行模拟计算,用400Hz同步飞机仪表驱动。控制单元使用了可变控制杆,根据空速会计算出相应的值来控制伺服系统提供正确的力反馈。该设备在1951年制造完成,总共花费12万英镑。

同时美国Link公司也利用模拟计算机开发电子的飞行模拟器,将交流电变为直流电,并进一步提高了精度。这一时期的飞行模拟器的主要问题还是缺乏相应的精确性数据,制造商只能各自采取各自的方法去获取数据。

3. 数字仿真阶段

20世纪60—80年代,仿真技术大踏步地向前迈进了一步。进了60年代,数字计算机的迅速发展和广泛应用使仿真技术由模拟计算机仿真转向数字计算机仿真。数字计算机仿真首先在航天航空中得到了应用。随着小型计算机处理速度的提高,模拟器制造商将数字技术应用到视景系统的开发中。

在20世纪60年代早期,Link公司开发了实时仿真飞行模拟器——The Mark 1。这台设备在大量的技术上取得突破,由于数字模拟器的压倒性优势,该设备是当时非常成功的飞行模拟器。到了70年代,飞行模拟器已经完全过渡到了数字化平台,但是计算能力的缺乏一直是飞行模拟器更进一步的瓶颈。直到21世纪,随着计算机计算能力的不断提升,计算机目前已经能毫无限制地完成飞行模拟器所需要的所有计算要求。

4. 现代仿真阶段

到20世纪80年代后期,标准的桌面计算机的性能已经超过了70年代的小型机。在飞行仿真领域,运动公式可以从容地按照60Hz的频率在单个处理器上运行,这一时期的研究重点在视觉系统方面。多家模拟器公司已经开发出自己的图像生成系统,以60Hz频率刷新的纹理表面和大气效果渲染有力地提升了视觉逼真度。

20世纪60年代,液压设备已经开始用于运动平台。然而,直到20世纪90年代,由微处理器控制的液压执行机构才将运动系统的频率提高到了500Hz以上,终于实现了运动系统的平滑运动,从而推动了六自由度运动系统的诞生,实现了更为逼真的运动感知模拟。

在这一时期,由于飞行模拟器逼真度的持续提升,航空公司认识到应用模拟器不仅可以提高安全性,而且可以降低训练费用。因此,经营者开始向管理机构呼吁采用飞行模拟器取代空中训练。然而,管理机构面对着大量出现的飞行仿真技术及这些飞行模拟器实现相关的一系列工程逼真度问题。当意识到必须解决这些问题之后,英国民用航空局(CAA)和美国联邦航空局(FAA),联合英国皇家航空学会组织了一系列行业会议,制定并公布了多个飞行模拟器质量指南,并于 1992 年由英国皇家航空学会批准施行。这些指南构成了国际民用航空器组织(ICAO)9625 号文件《飞行模拟器质量标准手册(MCQFS)》的基本内容,依据该手册可以批准训练机构使用某型飞行模拟器开展具体的训练任务。这是飞行仿真领域中的一个重要里程碑。

1.2　飞行失效仿真的必要性

随着计算机技术的不断发展,开始出现了计算机飞行模拟仿真软件,并广泛应用于商业飞行训练、军事飞行训练、工程飞行器设计、飞行员能力测试、维修培训和娱乐等领域。目前,针对飞行中的故障和失效情况领域的飞行仿真应用还颇为少见,本书的目的就是结合飞行模拟仿真软件,对飞行过程中常见的故障与失效情况进行可视化仿真再现。

进入 21 世纪以来,航空领域经历了前所未有的快速发展,从军用航空领域第四代战机的超声速、隐形技术日渐成熟,到民用航空领域国产大飞机的试飞成功,再到通用航空领域无人机在航拍摄影、勘探救援等领域发挥着不可替代的作用,科技的进步为航空事业的发展带来了巨大动力。然而在航空领域取得巨大进步的同时,由于天气、人为、飞行器设计等因素的影响,随之而来的是越来越多的航空事故的发生。北京时间 2018 年 10 月 29 日,印尼狮航一架波音737MAX8 飞机在起飞后 12min 后,由于传感器数据错误导致机动特性增强系统(MCAS)越权控制飞机,最终使得飞机坠毁于机场东北约 35n mile 的海面。飞机上共有 181 名旅客和 8 名机组成员,无人生还。航空事故给人们带来的往往是无法估量的生命与经济损失,如果能在飞机设计之初就对种种失效场景进行模拟仿真,在事故发生之后尽可能真实地还原事故发生经过,分析事故发生原因,验证飞行器飞行动力特性,提出改进措施,则可在一定程度上避免此类事故的发生。

在工程飞行器设计领域中,出现飞行模拟仿真之前,飞行器的试验和验证只能通过飞行试验来进行,然而,在系统生命周期的这个阶段才发现设计错误的修正成本会异常高昂。在某些飞机系统的开发中,设计错误会危及试验飞机的安全,检测并隔离该错误需要获取适当的数据,这也离不开飞行器的失效模拟仿真。通过飞行失效仿真,能够与实际飞行验证机一样开展同样的飞行测试,能够更容易检测到设计中存在的不足,更重要的是在项目的早期阶段检测到缺陷,能够显著降低全寿命周期费用。此外,通过飞行失效仿真获取的数据能够用于评估飞机系统的性能指标和技术特征,可以利用这些数据开展系统分析,数据的分析还可以利用可视化工具的支持,从中发现意料不到的行为或系统相应的变异,从而帮助飞行器设计者确定最优设计或确认飞行器系统能够完全满足系统设计的要求。因此,开展飞行失效模拟仿真是非常有必要的。

1.3　主要的飞行仿真软件

当前较为成熟且常用的可视化飞行模拟软件主要有微软模拟飞行(Microsoft Flight Simulator)、X-plane 和 FlightGear 等,其中:

(1) **微软模拟飞行**:微软模拟飞行由微软游戏工作室发行,微软 ACES Studio 公司开发,该系列的最新作品利用微软 DirectX10 的强大功能,并搭配大量全新要素,将飞行模拟的专业性和真实性发挥到极致。微软模拟飞行的飞行模型基于一组表格,这些表格决定了飞机在特定条件下的行为。这种模拟被定义为行为模拟或参数化方法。飞行模型由一组参数提供,独立于视觉模型。

(2) **X-plane**:X-plane 是由 Laminar Research 公司开发的一款商业软件,软件的桌面版本支持操作系统 Mac OS X、Windows、Linux,移动版本支持 Android、iOS、WebOS。该软件的机型包括一些轻型飞机、商用飞机和军用飞机,还包括几乎全球的地景。同时该软件扩展性非常好,支持开发人员任意扩展功能,比如添加自己设计的飞机,或者自己制作的地景。

(3) **FlightGear**:FlightGear 是由网络上一些模拟飞行和编程爱好者开发的一款免费和自由的开源飞行模拟软件。拥有强大的六自由度飞行动力模型 JSBSim,可以实时对飞行器的飞行过程进行仿真,于 1997 年 7 月发布了第一个跨平台版本。之后,FlightGear 从最初粗糙的空气动力学模型开始,逐渐引入了自然特性(阳光、月光和星光等)、天气特性(云、雾和风等)、平显、仪表板、电子导航系统、机场与跑道以及网络互联操作等众多的特性,并具有跨平台、多场景、多机型、可交互和开放性等特点。时至今日,FlightGear 已成为了最著名的跨平台开源飞行模拟软件之一。

3 种软件的具体对比如表 1-1 所列。

表 1-1　飞行模拟软件对比图

软　件	开发商	特　点	扩　展　性	失效建模	认证资格	可视化效果	缺点
微软模拟飞行 FSX	微软 ACES Studio 公司	采用行为模拟或参数化方法，即飞行模型基于一组表格，这些表格决定了飞机在特定条件下的行为	主要支持 Windows 平台；提供 SimConnect API，允许开发人员创建新的附加组件来添加或替换功能，以及监视活动	允许注入设备故障，但不能改变设备故障的方式	无	使用最新的 DirectX10 技术，三维（3D）显示效果极为逼真	无法实现相对真实的实时飞行模拟，对计算机硬件要求较高
Flight-Gear	志愿者开发开源	具有跨平台、多场景、多机型、可交互和开放性等特点；源代码完全开放；允许用户在 3 种主要的飞行动力学模型中进行选择；可以添加新的动力学模型，甚至是外部飞行动力学模型的接口，例如 MAT-LAB	适用的操作系统主要包括 Linux、Microsoft Windows 和 Mac OS X，需要支持 OpenGL 1.0；支持 UDP、串口通信等多种通信方式	可采用软件自带系统失效功能、改变环境参数、修改 C++ 源代码或 XML 配置文件等多种方法实现失效注入	部分组件通过 FAA 认证 GNU 通用公共许可证	基于 Open-GL 来实现视景仿真系统，具有 3D 座舱仪表、3D 飞机模型、3D 地景等，可视化效果一般	显示效果不够真实
X-Plane	Laminar Research 公司	X-Plane 采用几何方法（飞机结构等工程参数），其模型定义为结构。它直接由视觉模型决定飞行动力学。采用桨叶元素理论，通过将表面分解成细小的模块，先得到提升或者是拉力，然后应用到整个飞机上	运行在 Android，iOS，WebO，Linux，Mac 或 Windows 等平台上；支持 UDP 通信；可以通过第三方工具修改地图和场景的 3D 模型，支持自定义飞行器	可针对仪表、发动机、飞行控制和起落架等 35 个系统注入失效，但它不允许改变设备故障的方式	FAA 认证	具有逼真的 3D 座舱、3D 飞机模型、3D 地景，可以用于真实和虚拟的飞行训练	不开源，无法更改源代码

由于 FlightGear 是一款功能全面、兼容性突出且拓展性优越的非常优秀的专业飞行视景仿真软件，它支持各种操作平台，由全球专业志愿者开发，整个项

目的源代码都是完全开放的,并且用户可以在源代码中自行修改编译来达到自己想要的效果。且其官网支持数百种飞机模型的下载,包括军用、民用和通用航空领域。飞机模型的配置主要采用 XML 配置文件的形式,支持修改,同时也能使用外部的飞行动力模型进行仿真,其环境模型非常真实,能够模拟与真实环境极其类似的场景与音效;同时具有输入/输出(I/O)接口,能够支持对飞行器的输入控制和飞行参数的输出;其飞行动力学模型软件 JSBSim 具有可配置的较为完整的飞行控制、空气动力学、推进和自动驾驶等模块,可定义飞行控制输入,同时支持飞行数据的实时输出。可以用于对飞机、导弹或旋翼飞机建模,并能够模拟地球旋转和环境对运动方程的影响。它作为一种飞行动力模型库已经被内嵌到 FlightGear 中了,也可以作为独立的飞行动力学软件使用。基于以上特性,本书将主要采用 JSBSim 和 FlightGear 作为飞行失效模拟仿真的软件。

1.4　飞行失效仿真现状

当前,使用 FlightGear 进行飞行仿真采用较多的方式为与 MATLAB 中的 Simulink 工具进行联合仿真,由于 FlightGear 中的 JSBSim 是六自由度模型,而 Simulink 中有对应的六自由度模块库,因此可建立基于 FlightGear 与 MATLAB 的联合仿真,首先要设计 3D 可视化模型,然后通过 Simulink 仿真工具,建立以非线性六自由度飞行模型和自主导航控制系统为主的航迹/姿态仿真模型。在此基础上,利用 FlightGear 飞行模拟器提供的外部数据 I/O 接口,将飞行航迹/姿态等仿真数据通过数据发送和接收模块进行网络实时传递,驱动 FlightGear 可视化引擎,实现飞行仿真的 3D 实时可视化显示。这种方式通常还需要构建一套飞行控制系统,该系统将飞行控制数据传输给 Simulink 动力学模型,计算为飞行数据后,再传输给 FlightGear。同时还需要使用 3D 建模软件 AC3D 构造飞行器的 3D 模型,实现整个飞行可视化仿真过程。

利用基于 FlightGear 与 MATLAB 进行的联合仿真不失为一种创新性可借鉴的方法,但现有基于 FlightGear 与 MATLAB 的联合仿真技术都是用 MATLAB 中自建的一些不够成熟的飞行动力模型作为主要模型,而 FlightGear 则被用作视景仿真的可视化工具,这样就不能借助于许多 FlightGear 中已经开发成熟的飞机,利用其更加专业的飞行动力模型来进行仿真,从而反应出飞机对于内部和外部干扰的一些实时反应,也不能充分利用 FlightGear 的开放特性。

　　为了验证硬件性能或提高飞行模拟的真实性,一部分专家学者采用基于 FlightGear 的半实物仿真技术。半实物仿真介于纯数值仿真和实物飞行之间,将部分控制对象及控制装置实物嵌入仿真系统结构中,又称"半实物仿真",旨在保留数值仿真优良特性的同时,不失被控对象的真实性。一方面控制器可从实物上采集到真实的信息;另一方面可直接从实物上看到控制效果。同时,半实物仿真安全可靠、操作便捷,可谓兼备了纯数值仿真和实物飞行的优点。一些研究机构为了验证硬件产品性能,通过实物传感器或控制器将飞行姿态数据或控制数据发送给 FlightGear,并实时显示飞行姿态及飞行轨迹。

　　此外还有一些机构和个人,利用 FlightGear 和 JSBSim 开发了一套真实的六自由度飞行模拟设备,整个系统既是驾驶模拟器又是飞行模拟器。包括真实的飞机座舱模型、可动平台、大型投影系统和动力反馈模块。系统各组成部分的软件套件主要基于 FlightGear 的各项特性建立的,飞机运动仿真、座舱仪表盘、飞行控制、外部景物等由 FlightGear 提供。所有 FlightGear 实例都在不同的机器上执行,并通过网络协议彼此通信。同时可以在模拟飞行的过程中将 FlightGear 的输出数据输入到动力反馈模块,来模拟飞行过程中机舱内的真实运动,为飞行员带来更真实的操纵反馈。这种飞行模拟器一方面可以作为研究轻型和超轻型飞机飞行质量的工具;另一方面为飞行员提供相对真实的训练场景。还有部分研究中将 FlightGear 半实物仿真作为算法验证的测试对象,通过将 FlightGear 的飞行实时参数用算法处理后传递给六自由度台式可动平台来测试这一算法的准确性。

　　飞机真实飞行测试受到航空法规的限制,特别是出于安全和成本的考虑,需要事先对飞行器进行失效模拟。失效模拟开发人员测试危险的情况并重新创建失效场景,注入一些如风或其他环境设置的影响,实时测试飞行器的反应。当前利用 FlightGear 和 JSBSim 进行飞行失效仿真的研究主要分为两种:

　　(1)利用 FlightGear 中的飞行动力模型 JSBSim 中的环境变量的改变,模拟出极端天气状态,从而研究飞机在极端天气状态中的飞行动态,当前国内针对极端环境的模拟主要集中在微下击暴流环境的模拟,有些建立了风场模型,有些运用流体力学软件包对低空风切变场进行模拟,并建立了独立二维风场数据库。

　　(2)自建失效模式和失效模型,并将其体现在源代码或者脚本文件、配置文件中,同时其数学模型需要尽可能反映真实的失效模式,才能使得失效仿真更加真实可靠。在一定条件下,将失效注入到模拟飞行器中,从而研究飞机在一定的失效情况下的飞行动态,获取飞行参数。这部分研究主要是为了验证一些自建控制系统和预防系统或路径规划算法的作用,设计出一些符合验证条件的失效模式或模型,例如机翼结冰、执行机构故障、电源系统失效和全静压系统故障等,将其注入到 FlightGear 飞行仿真的过程,从而证明系统的有效性。

1.5　本书的意义

飞行事故的发生不但会干扰正常的飞行任务,还会对人们的生命财产安全造成威胁,如果能在飞机设计之初或事故发生之后对种种失效场景进行模拟仿真,尽可能真实地还原事故发生经过,分析事故发生原因,验证飞行器飞行动力特性,提出改进措施,则可在一定程度上避免此类事故的发生。因此,飞行失效场景仿真具有实际的重大意义。通过回顾历史和分析现状,我们对飞行模拟和飞行失效仿真有了更深刻的认识,可见当前基于 FlightGear 和 JSBSim 的失效场景仿真技术具有一定基础,但仍有需要完善之处。当前研究没有充分利用 JSBSim 作为一款独立飞行动力学软件的便利性,未能使用其强大的脚本控制、机型配置和批处理能力;针对飞行失效的仿真模拟也不够具体详细,从方法原理层面针对具体仿真过程的叙述少之又少;对于飞机重要系统的失效仿真仍有部分空白。

由于飞行失效仿真具有节省时间和经济成本、跨平台、可视化、可配置性、具有飞行动力学支撑、输入输出接口充足等优点,在未来,飞行失效仿真在飞行硬件测试、模拟驾驶平台实现、飞行关键系统验证以及故障预测和故障诊断等领域还将继续发挥着不可替代的作用,同时也可以作为在线验证、实时监测和批量化测试等领域中的重要对象。

本书将使用 FlightGear 和 JSBSim 作为两款独立的软件进行飞行失效仿真,通过设置不同失效因素,对飞机具体系统或部件进行失效仿真,用实例对飞行失效仿真进行更深入具体的介绍,提供具体的失效仿真过程介绍,以及飞行数据的实时获取,并将利用已获得的数据进行飞行过程分析。

第 2 章　飞行仿真原理

2.1　飞行模拟器的构成

　　不同的飞行模拟器的组成是不同的,总体来说,飞行模拟器应主要由运动学方程、空气动力学模型、传动模型、大气模型、控制载荷、数据采集、发动机模型、视景系统、音响系统、运动系统、仪表显示器、导航系统、空气动力学数据库、发动机数据库、视景数据库、导航数据库等部分组成。

1. 运动方程

　　运动方程是所有飞行模拟器的焦点,它决定了模拟器的状态,能够接收包括来自飞行员的控制、风力、空气动力、发动机的全部输入,用于计算代表被模拟飞机状态的变量,尤其是受力、运动、高度、海拔、航向和速度。这种从输入到输出的转换需要利用运动学方程解算飞机的线性和旋转运动,还包括飞机的空气动力学数据,以及详细的起落架和发动机数据(还可能是螺旋桨),通常以数据表格和曲线形式表示。注意,图 2-1 中的双向箭头表示双向连接,例如,多个空气动力学项是飞机变量的函数,如攻角、马赫数或者海拔高度。在大多数飞行模拟器中,运动学方程的计算频率高达 $50 \sim 60\text{Hz}$,即力和运动的计算和作用周期小于 $1/50\text{s}$ 甚至 $1/60\text{s}$。

2. 空气动力学模型

　　空气动力学模型用于计算气动力和力矩。例如,升力系数可以利用攻角的函数推导得出,具体的空气动力学系数可以在空气动力学软件库中定义。空气动力学数据通常保存在一个庞大的(如今为电子形式)数据库中,典型的数据库由动力学变量的数千幅曲线图组成,通常是 $2 \sim 3$ 个变量的函数。该数据库可以通过飞行试验、风洞试验或者计算机流体力学分析等形式获得。利用该数据库包含的海量有效数据,可以使飞行模拟器的动力学性能更加接近真实的飞行数据。

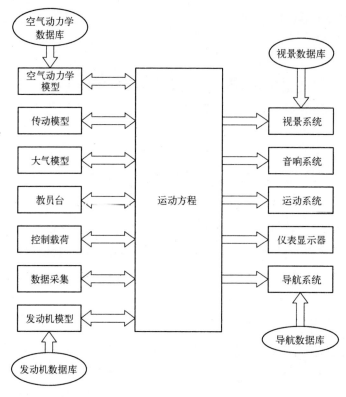

图 2-1　典型飞行模拟器的组成结构

空气动力学模型是飞行模拟器中最关键的部分。飞行动力学建模中出现的错误会导致仿真无法通过鉴定过程或者无法被飞过该型飞机的飞行员接收。因此,准确的气动数据对于飞行模拟来说十分重要。

3. 发动机模型

发动机模型是关于发动机动力学特性的模型,而不是热力学模型,热力学模型通常用于推导发动机推力、燃料流量、发动机压力和转速。通常发动机模型与平台气动模型一样详细。

4. 数据采集

飞行模拟器通常需要接收来自用户的输入信号,这些信号来源可能是飞控设备(驾驶杆、方向舵、刹车、襟翼选择器、变速器等)、键盘、手柄、按钮、网络通信协议用户数据报协议(UDP)、传输控制协议(TCP)等。

这些输入有些是数值量(0 或者 1),通常称为离散数据,而另一些输入则是模拟量。需要在每一帧中对当前选择的输入进行采样,并转换为适当的数值传递到相应的模拟器模块中。

5. 大气模型

大气环境是影响飞机性能的主要因素。计算空气气压、密度和气温的公式可以作为常识直接使用,通常用于飞行模型和发动机模型等模块。然而,在大部分模拟器中还需要对其他气象特征进行建模,特别是风力因素。风力因素不仅会对导航系统产生影响,而且会对飞机操纵产生影响,如在侧风或者湍流条件下着陆。

风力在飞行航路规划中还具有重要作用,因此需要在三维空间对风进行建模,并且风可以随时间变化。目前,主要使用两种建模方法:①简单方法是在风力模型中考虑压力波前、海拔高度和位置等因素;②利用相关机构对全球气流的监测数据中获取风力数据,该方法适用于对实时气流状况没有建模需求的训练飞行。

大气扰动在民航客机训练中也扮演着重要角色,飞行员需要证明自身能够控制扰动,并监测扰动与自动着陆系统之间的相互作用。通常,扰动产生于一组随机过程,在飞机的三轴方向产生颤动。作用在飞机上的扰动分量的变化还会导致机体发生滚转扰动。目前常用的扰动模型有:Dryden 模型和 Von Karman 模型。

根据对一系列重大事故的研究结果,研究人员已经对风切变和下击暴流现象有了深入了解(很大一部分是仿真研究的结果),这两种现象的模型目前也已经包含在民航飞行员的训练程序中,用于检测风切变的开始,避免因为不当操作而产生不良后果。这个实例有力地证明了飞行仿真对于飞行安全的重大贡献,有效降低了风切变相关的事故。自从开展强制性训练以来,已经显著降低了这类事故的发生。

气象建模的其他方面就是模拟可能的恶劣飞行条件,特别是对结冰和大雨的模拟。机体结冰和跑道湿滑将增加起飞阶段的阻力,影响飞机起飞性能,同时泥泞和跑道表面的水将降低飞机制动和转向效果。除了对这些效应进行建模之外,结冰情况可能会反映周围大气条件,在结冰、雨雪条件下,视景系统中还应该得到相应体现。

6. 视景系统

视景系统能够通过一组视景通道输出从飞行员视点观看的实时图像。在初始化阶段,视景系统首先将对象数据库加载到视景系统内存中。这些数据可能包括原野、机场、公路、湖泊、海岸线、机动车辆、建筑物、树木、森林、植被和飞机等要素。目前,有多个标准都可以用于生成这些实体,其中 OpenFlight 可能是应用最广泛的格式。这种格式将每个对象都缩减成具有颜色和纹理的多边形(通常是三角形),定义在数据库的坐标系中,通常,这些对象按照几何顺序进行排列,因此可以根据对象距离来选择不同粒度的对象输出到显示画面。

随着飞机的机动,飞行员视点位置和方向可以由运动方程计算得出,每帧(通常为 60Hz)内都对视景进行渲染。根据不同图像系统的性能差异,在获取新的视点位置和飞行员看到的投影图像之间存在一个延迟。(除此之外,还包括计算飞行员视点位置和飞行员看到的投影图像之间存在一个延迟)。这种延迟,通常称为视觉延迟,必须保持在最小范围,最多不能超过 3~4 帧(当刷新频率为 50Hz 时,4 帧耗时为 80ms)。100ms 时能够接受的最坏允许延迟取决于飞机的运动状态,当前飞行模拟器最常选取的延迟是 20~50ms。

视景系统的质量非常依赖于基础图形引擎的性能。显卡的性能决定了渲染三角形的绘制频率及三角形的纹理填充频率,随着图像细节的增加,帧频率可能会低于模拟器允许的最小值。同理,如果随着渲染频率的增加而减少三角形的数量,那么图像粒度可能压缩到不可接受的程度。具体取值还取决于以下几个方面:

(1) 显示器分辨率(单位为像素)。如果分辨率提高,由于单位面积内的像素增加,会导致绘制频率降低。

(2) 显示器刷新频率。如果刷新频率增加,用于渲染每一帧的时间将缩短。

(3) 图形帧缓存的读写速度。每个像素必须写到每一帧的帧缓存内。

(4) 图像处理器的架构。特指图像处理器与帧缓存之间的接口。

(5) 用于平滑多边形边沿的反走样技术。生成光滑的边界需要相当多的处理时间。

7. 音响系统

飞机驾驶舱是一个嘈杂的环境。飞行员会听到包括发动机滑流、引擎、子系统、空调、地面噪声、执行器、无线电尖鸣、导航指示、告警、武器投射和警报等一系列声音。尽管模拟器内需要设置一些声音以增强真实感,但是它们也是重要的人体感知,必须由飞机中能听到的声音构成。

通常,座舱声音的生成主要采用两种方法。最显而易见的方法是记录实际飞机上的声音,这种方法的缺点是需要记录飞机在各种条件下的声音。另一种方法,也是更长采用的一种方法是分析每种声音的来源,并生成相应的波形。

这种方法的优势是合成声音可以通过与实际声音进行对比来确认声音的真实性,通常可以利用快速傅里叶变化(FFT)处理各种声音,并对频谱进行比较。

8. 仪表显示器

电子飞行仪表系统(EFIS)出现后,飞行模拟器可以选择使用实际的飞机仪表或者模拟式仪表。使用实际设备时,需要保证模拟仿真器能够提供正确的输入信号;使用模拟设备时,必须保证完全实现所有操作模式和功能。

9. 导航系统

导航训练是飞行训练中的一个重要组成部分,飞行仿真对于导航训练拥有两大优势:①空中导航训练需要消耗燃油;②导航中的错误会产生灾难性的后果。因此,模拟器要实现不同等级的导航能力,实现对仪表着陆、甚高频全向信标(VOR)、自动定向(ADF)和仪表着陆(ILS)系统的模拟。这需要将无线电管理面板和飞行管理系统(FMS)进行整合,实现接收频率的选择和导航设备的数据库更新。

2.2 飞行建模

除了以上飞行模拟器的构成外,还需要了解如何将空气动力学和飞行动力学的基本原理运用到飞行仿真当中去。本书将从以下几点讲述仿真飞行动力学:

(1)坐标系:用于描述飞行器模型的位置。

(2)单位:在定义飞行器模型时,可以灵活地指定度量单位。

(3)数学运算:在飞行仿真中的飞行动力学特性通常存储在表中,同时还应有代数函数,为描述气动和飞行控制特性提供了广泛的自由度。

(4)力和力矩:在飞行中作用于飞机机身和各个舵面的常规力和力矩。

(5)飞行控制和系统建模:了解飞行控制和如何在仿真软件中实现系统建模是成功和有效模拟飞行的关键。

2.2.1 坐标系

飞行仿真软件中的坐标系主要用于:①描述飞机上物体的位置;②指定飞行器在空间中的位置和方向;③为给定的飞行条件分配输入。通常在飞行仿真中主要用到以下坐标系:

1. 结构坐标系

结构坐标系是一个通用的制造商参考框架,用于定义飞机上的点,如重心、起落架位置、飞行员的注视点、点质量、推进器等。部分飞行仿真软件中配置文件中的输入通常使用此参考系定位。

在结构坐标系中,X轴沿着机身长度方向指向机尾,Y轴从机身指向右侧,Z轴从下方指向上方。通常,这个坐标系的原点O_C靠近飞机的前部(在机头的顶端,单引擎飞机的防火墙处,或者在机头前方的某个距离处),这个坐标系通常命名为

$$F_C = \{ O_C, x_C, y_C, z_C \}$$

图2-2所示为结构坐标系示意图,除了原点O_C、x_C轴、y_C轴、z_C轴外,还有标准机体坐标系轴x_B、y_B和z_B的原点在质心G处,飞行员视点在P_{EP}处。

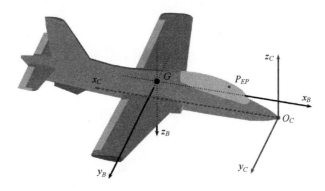

图2-2　飞机结构坐标系

2. 机体坐标系

机体坐标系与结构坐标系类似,只是沿y轴方向上旋转了$180°$,原点位于飞机质心,其中x轴沿着机身方向从机尾指向机头,y轴正向沿着右侧机翼方向,z轴正向沿着垂直于机身下表面方向。这个坐标系通常命名为

$$F_B = \{ G, x_B, y_B, z_B \}$$

x_B轴称为滚动轴,指向前方;y_B轴称为俯仰轴,指向右翼;z_B轴称为偏航轴,指向机身腹部。

3. 空气动力学坐标系

该坐标系是根据相对风速向量相对于机身的瞬时方向来定义的,通常命名为

$$F_A = \{ G, x_A, y_A, z_A \}$$

根据定义,x_A和z_A属于飞机对称平面,但它们在飞行中可以旋转,因为相对风速向量$\boldsymbol{V}$的方向可能会随着飞行器而改变。图2-3为气动坐标系的结构示意图。x_A轴和x_B轴的夹角为飞机攻角α_B,风速向量与它在平面上的投影之间的

夹角为侧滑角 β。

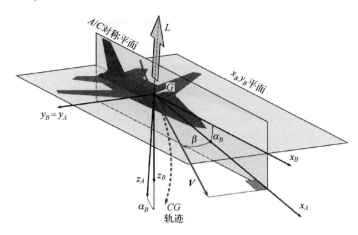

图 2-3 空气动力学坐标系

4. 风轴系

这个坐标系类似于空气动力学坐标系,除了 X 轴直接指向相对的风向,Z 轴垂直于 X 轴,并保持在机身轴 XZ 平面内,和 Y 轴一起组成了一个右手坐标系。

5. 地心惯性坐标系(ECI)和地心固定坐标系(ECEF)

地心惯性坐标系(ECI)的原点固定在地球的中心。z_{ECI} 轴正向穿过地球的地理北极,x_{ECI} 和 y_{ECI} 轴位于赤道平面上,x_{ECI} 轴与春分时刻太阳质心到地球轨道位置的直线平行,向东为正;Y 轴与 XZ 平面垂直构成右手系。地心惯性坐标系(ECI)如图 2-4 所示。

地心固定坐标系(ECEF)的轴线,3 个轴分别标记为 x_{ECEF}、y_{ECEF} 和 z_{ECEF},ECEF 坐标轴相对于地球保持固定。像惯性坐标系一样,这个笛卡儿坐标系的原点位于地球的质心,z_{ECEF} 轴也位于地球的自转轴上,与 z_{ECI} 重合;x_{ECEF} 和 y_{ECEF} 轴都在赤道平面上,正 x_{ECEF} 轴穿过本初子午线,Y 轴与 XZ 平面垂直构成右手系。

2.2.2 力和力矩

有几种方法可以模拟作用在飞机上的空气动力和力矩(扭矩)。有的飞行仿真软件采用系数累积法进行初始化。在系数累积法中,升力是由所有对升力的贡献之和决定的。所做的贡献因飞机和模型的逼真度而异,但对升力的贡献主要包括:

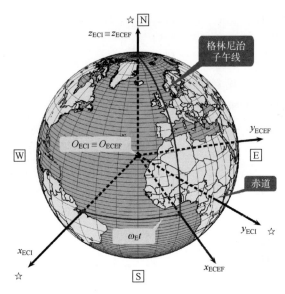

图 2-4 地心惯性坐标系和地心固定坐标系

- 机翼
- 升降舵
- 襟翼

气动系数是一些数值,当乘上某些其他数值(如动压力和机翼面积)时,就会产生一个力或力矩。这些系数可以从飞行测试报告或书中获取,也可以使用软件(如 Digital DATCOM 或其他商用程序)或计算得到。

当飞机的主要作用力和飞机质量已知时,可以直接推导出飞机的加速度、速度和位置。换言之,可以通过这些力计算出线性运动。同样,如果力矩和转动惯量已知,则可以推导出角速度,即角速度可以通过飞机的力矩推导得出。

力矩等于力乘以力到旋转支点的距离。对于飞机力矩,旋转支点位于飞机的重心。实际中,中心的位置取决于机身几何结构、燃料负载、乘客数量、载货量以及武器挂载等因素。不过,对于具体飞机中心位置的计算比较简单。如果重心位置已知,那么每个控制面(升降舵、副翼和方向舵)对运动的作用可以由施加在每个控制面上的力及其到飞机重心的距离来确定。这些空气动力学项可以封装到一个数据包中,或者可以利用与测量升力系数、阻力系数和侧力系数同样的方法通过风洞测试获得。

2.2.3 飞行控制和系统建模

复杂系统的全部性能是仿真的核心环节,模型必须在全部运行范围和环境条件下符合系统特征。仿真几乎可以等价于其采用的模型,而模型又依赖于用于构造模型的数据。尽管简单模型可以基于基础物理学的认识进行构造,但是比较复杂的模型则需要从物理模型或实际系统的测量记录中导出。通常,物理模型都要基于一定的假设和简化。

将飞行器看作一个通用动力系统,它受控制输入向量 $\boldsymbol{u}$ 的约束。输入的数量和类型可能取决于特定机型。对于传统构型飞机,输入通常为

$$\boldsymbol{u} = [\delta_{\mathrm{T}}, \delta_{\mathrm{a}}, \delta_{\mathrm{e}}, \delta_{\mathrm{r}}]$$

式中,δ_{T} 为油门位置;δ_{a}、δ_{e}、δ_{r} 分别为副翼、升降舵和方向舵的角度偏转量,这些量的范围可能会根据特定的飞机设计而变化。在飞行仿真中,它们的变化与驾驶舱中相应控制的标准化设置有关。

通常,油门位置的变化和驾驶杆的操纵都会映射飞机的舵面变化。这些映射通常依赖于控制律的存在,这些控制律可能会改变飞行员动作对实际舵面偏转和推力输出的最终效果。

在数学术语中,无论是实际舵面偏转和推力输出,还是标准化的命令范围,都被看作是向量 $\boldsymbol{u}$ 中控制变量的一组界限。图 2-5 所示为标准飞机气动操纵面。

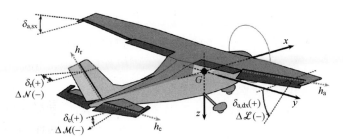

图 2-5　标准飞机气动操纵面

第3章 飞行仿真环境构建

3.1 飞行动力模型软件 JSBSim

3.1.1 JSBSim 简介

JSBSim 是开源飞行动力学模型(FDM),是一款轻量级、数据驱动的、非线性、六自由度(6-DoF)的软件。它可以在很多操作系统下编译和运行,包括 Microsoft Windows、MacOS、Linux、IRIX、Cygwin(Unix on Windows)等。飞行动力学模型本质上是定义飞机、火箭等运动的物理/数学模型,在力和力矩的作用下,利用各种控制机构和来自自然的力作用于其上。JSBSim 没有原生图形化界面,它可以作为一个独立的程序运行,从脚本文件和各种机型配置文件中获取输入,还可以将其集成到一个更大的包含视觉提供的飞行模拟器中来实现可视化。目前 JSBSim 应用最多的是在 FlightGear(开源)、Outerra、BoozSimulator(开源)和 OpenEaagles(开源)模拟器中作为飞行动力学模型。还主要用于意大利那不勒斯大学、德国亚琛工业大学飞行系统动力学研究所和航空航天研究所对运动飞行模拟器研究。

JSBSim 主要有以下特征:

(1)通过基于 xml 的文本文件格式,完全可配置飞行控制系统、空气动力学、推进、起落架安置等。

(2)可以模拟旋转地球对运动方程的影响(科里奥利力和离心加速度模型)。

(3)可配置输出数据到屏幕、文件、套接字或它们的几种任何组合。

JSBSim 中的飞机模型主要来自教科书(如《飞行控制和仿真》《火箭推进原理》)、技术报告(http://ntrs.nasa.gov 和 http://www.aiaa.org),或者其他的公开资料(比如美国联邦航空局(FAA)的网站)。JSBSim 发行版中所用到的飞机模型都是利用现有商用或军用飞机的公开可用信息精心设计的近似仿真模型,仅用于教育或娱乐用途。同样地,JSBSim 中包含的所有代码都是在志愿者的基础上使用公开可用的信息开发的。

图 3-1 很好地解释了 JSBSim 的工作机制,JSBSim 是一种用于六自由度非线性飞行动力学建模的开源软件,结合了空气动力学运动方程,以及理想的 PID 控制回路反馈机制,在 C++仿真引擎中实现,其飞机系统是用 XML 文件定义的,因此可以通过修改其配置文件的方法实现失效注入。它可以用于对飞机、导弹或旋翼飞机建模,并能够模拟地球旋转和环境对运动方程的影响。它的工作原理是首先读取命令行、飞机配置文件、自动飞行脚本,然后进行模型解算,得到飞机的位置和姿态,以及一些关键的飞行参数,最后根据需求将所需的飞行参数按照指定格式输出。

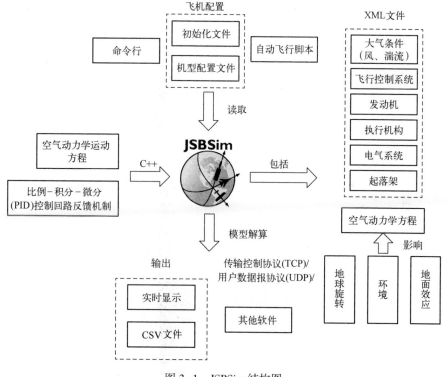

图 3-1 JSBSim 结构图

3.1.2 JSBSim 代码设计

3.1.2.1 概况

JSBSim 大部分使用 C++编程语言编写(但也包括一些 C 语言例程),由一些包含 JSBSim 模型物理实体(如大气、飞行控制系统或发动机)的 C++类组成,一些类封装了概念或数学结构,如运动方程、矩阵、四元数或向量,有些类管理其他对象的集合。综合起来,JSBSim 应用程序获取控制输入,计算和总结这些控制输入和环境产生的力和力矩,并以离散时间步长推进飞行器的状态(速度、方向、位置等)。

从最终用户的角度来看,JSBSim 可以看作是某种"黑盒",它以 XML 格式提供输入文件。这些 XML 文件包含对航空飞行器、发动机、脚本等的描述。当这些 XML 文件被加载到 JSBSim 中时,这些脚本使 JSBSim 能够模拟飞行器的实时飞行,从而作为一个更大的仿真框架(如 FlightGear 或 OpenEaagles)的一部分,或者以比实时更快的一种批处理模式运行。每次运行 JSBSim 都会生成数据文件,显示正在模拟和研究的飞行器的性能和动力学。

从软件集成商的角度来看(例如在更大的仿真框架中集成 JSBSim 的人群),JSBSim 是一个库,可以调用它,提供输入(例如来自飞行员的控制输入)和返回输出(描述飞行器在任何时刻的位置)。

JSBSim 设计的一个具体目标就是确保它相对容易地集成到一个小型或大型仿真程序中。就像在模拟程序中经常发生的那样(以及一般的软件应用程序)"特性渐变"开始出现,程序代码发展成比预期更大的产品。

与一些模拟器应用程序不同,JSBSim 没有外部依赖关系,构建 JSBSim 所需的代码也打包在一起,这大大简化了 JSBSim 可执行文件的构建。在 JSBSim 中也没有自动生成的代码。

3.1.2.2 源代码组成

在考虑 JSBSim 源代码的组成时,需要考虑控制一个飞行器并跟踪其运动轨迹时涉及的多个因素,了解给飞行器的输入是什么、计算作用在飞行器上的力和力矩、推导飞行器随时间变化而产生的位置变化,同时还要对飞行器的气动特性进行建模,而气动特性又取决于大气,因此需要对大气进行建模,重力和飞行环境也是需要考虑的因素。对于飞行器自身,除了需要考虑气动特性外,还必须对推进系统进行建模,同时,浮力、地面反作用力、地面接触以及其他外部对飞行器施加的力均需进行建模。此外,还需要对飞行器的飞行控制特性进行建模,包括其他控制相关系统,如自动驾驶仪、其他制导、导航和控制(GNC)系统,甚至电动或液压系统等。最后,由于力和力矩导致飞行器运动,因此必须跟踪和推导飞行器的位置和方向,为了便于管理和控制大量飞行过程变量和模型,还需构建模型管理器或模型执行器。同时,为了向模拟仿真输入数据并从模拟仿真中提取数据,软件还需要输入和输出功能。为了便于飞行动力模型的运行,源代码中还定义了一些函数、表、矩阵和四元数等。

JSBSim 之所以选择 C++编程语言在程序代码中实现上述模型和思想是因为考虑到 C++语言具有跨平台特性、现成可用的编译器和集成开发环境(IDE),且由于 C++与 C 编程语言的相似性,选择 C++似乎更容易让人理解。同时,它是当今最广为人知和使用最广泛的语言之一,C++可以很好地支持面向对象编程。C++编程语言非常适合在飞行仿真软件中使用,还有部分原因是它支持主要的面向对象概念:多态性、继承、封装和抽象。

3. 1. 2. 3 JSBSim 类层次结构

JSBSim 由大约 70 个 C++类组成,代码文件本身基于函数分布在子目录中。包括数学类、输入/输出类和初始化类、模型类和基本类等,想要很好地使用 JSBSim就应该理解一些关键的继承关系。大部分类继承自模型类(FGModel)、部件类(FGFCSComponent)、发动机类(FGEngine)、参数类(FGParameter)和推进类(FGThruste)这几个大类。

图 3-2 所示的组成 JSBSim 框架的类集合类似于"家谱",由一个共同的父(母)位于层次结构的顶端。这生动地说明了继承和(间接)代码重用的概念,整个类框架不一定要遵循完全的层次结构。在 JSBSim 中,有几个类表示在派生类中完全实现的通用对象或概念,可以将这些基类视为提供了用于访问每个派生对象的抽象接口,还有一些操作和属性(类成员变量)几乎对所有类都是通用的,因此在公共基类中实现这些特征是很有必要的。例如,框架基类(FGJSB-Base)实现了消息传递功能,提供消息处理方法和存储,任何子类都可以将消息放入队列中,以便父应用程序检索和处理。单元转换规则和常量也在基类中,可以通过继承提供给需要它们的任何子类。

创建通用飞行动力学模型所面临的一个关键挑战是将其设计为允许对完全任意的飞行器配置进行建模。该框架需要能够透明地处理建模工艺,从一个球体到导弹、飞机、火箭、旋翼飞行器等。这些飞行器可以采用不同的推进系统、地面反应机制、气动特性和控制系统。前面提到的所有 4 个面向对象的设计特性都在一定程度上解决了这一挑战。

1. 目录结构

代码位于包含相关文件组的目录中。source 目录 src 是代码的根目录。在该目录中有执行类源文件和头文件(FGFDMExec)、独立的 JSBSim 源文件(JSBSim. cpp)、许多其他类的基类(FGJSBBase)和状态类(FGState)。在 src/目录下是额外的子目录:

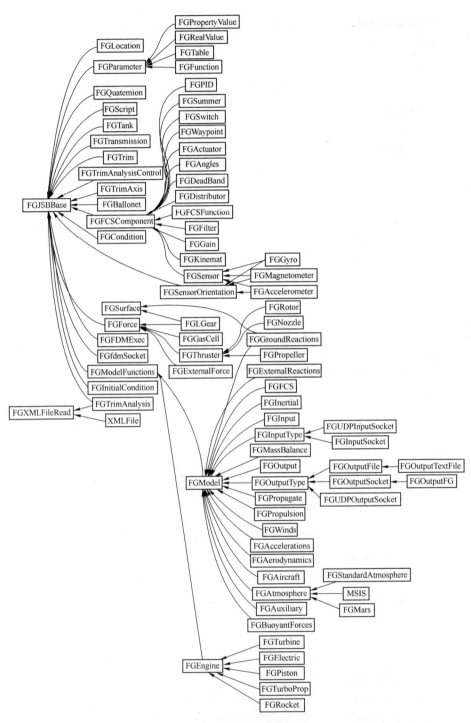

图 3-2　JSBSim 类层次结构

- initialization
- input_output
- math
- models
- simgear
- utilities

2. 执行类

FGFDMExec 类封装了 JSBSim 模拟执行器。所有其他模拟类都通过该执行器实例化、"拥有"、初始化和运行。当与 FlightGear(或其他飞行模拟器)结合使用时,这个类通常是由模拟器端的接口类实例化的。

在模拟初始化时,接口类(或者广义地说:正在"调用"JSBSim 的应用程序)创建执行类的实例,随后执行类载入选定的飞机配置文件:

```
fdmex = new FGFDMExec( … );          // (1)实例化
result = fdmex->LoadModel( … );      // (2)模型载入
```

在 FGFDMExec 实例化时,当 FGFDMExec 的构造函数被调用,将在 FGFDMExec 类中执行以下几个操作,创建一个 FGFDMExec 的实例:

(1) 对子系统模型类(大气、推进、飞机等)进行实例化和初始化。

(2) 当每一帧被循环处理时,子系统模型将被有序地调用。

当执行器被创建后,将加载飞机模型,其后配置文件将被解析,且配置文件的每个部分(如推进、飞行控制等)对应的 Load( )方法也将被调用(例如,调用 FGFCS∷Load( )来加载飞行控制系统参数)。

以上过程如图 3-3 所示,图中的开始、创建 FGFDMExec 类和加载飞机的过程为外部初始化,创建、初始化和排序模型对象的过程为没有用户输入的内部进程,机型配置文件即为输入文件。

在创建执行器并加载模型之后,将执行初始化。初始化包括从控制应用中复制控制输入到对应的 JSBSim 数据存储位置,根据用户提供的初始条件进行配置,然后从 JSBSim 复制状态变量,再传递回控制应用程序中。状态变量用于驱动仪表显示,并将飞行器模型放置在视觉仿真软件中进行视觉渲染:

```
copy_to_JSBSim( );          // 将控制输入复制到 JSBSim
fdmex->RunIC( );            // 循环一次 JSBSimw/o 集合
copy_from_JSBSim( );        // 更新状态
```

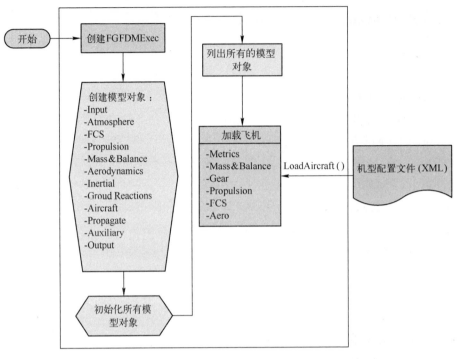

图 3-3　FGFDMExec 和初始化过程

初始化完成后,循环执行以下代码。

```
copy_to_JSBsim( );            // 将控制输入复制到 JSBSim
fdmex->Run( );               // 运行 JSBSim
copy_from_JSBsim( );         // 更新状态
```

通过创建一个紧凑的存根程序,JSBSim 可以在独立模式下使用,该程序可以有效地执行与上述集成版本相同的步骤,但有两个例外。首先,没有使用 copy_to_JSBSim( ) 和 copy_from_JSBSim( ) 函数,因为控制输入由脚本工具直接处理,输出由 output(数据日志记录) 类处理。其次,脚本文件的名称可以提供给存根程序,脚本为模拟提供了一种命令输入的新方式:

```
FDMExec = new JSBSim::FGFDMExec( );
FDMExec->LoadScript( ScriptName );      // 脚本载入飞机和输入
result = FDMExec->Run( );
while( result ) {                       // 循环执行
```

```
result = FDMExec->Run( );                    // 运行 JSBSim
}
```

JSBSim 独立运行模式能够简化测试过程,以揭示模拟飞机某些方面的性能,如距离、爬升时间、起飞距离等。而在我们后面的仿真应用中就是使用独立模式的 JSBSim,用 FlightGear 提供可视化仿真显示,JSBSim 独立运行模式允许我们通过脚本的方式对飞行器进行定义和控制,同时可以输入一系列命令,为仿真模拟提供良好的接口。

3. 模型类

归根结底,六自由度飞行动力学模型(FDM)的工作是在每个循环帧结束时回答这些问题:

(1) 飞行器在哪里(纬度、经度、高度)?

(2) 飞行器朝向哪里(俯仰、偏航、横滚)?

为了实现这一点,FDM 需要知道在任何时刻作用在飞机上的力和力矩。作为先决条件,FDM 必须了解环境特性、控制输入等。

JSBSim 由包含特定模型类的类组成。模型类是那些继承自 FGModel 类的类,在每个循环帧中按顺序执行,它们表示真实的物理对象,或者管理真实物理对象的集合。例如,FGPropulsion 类管理发动机集合(FGEngine 对象),FGFCS 类管理飞行控制组件集合(FGFCSComponent 对象),FGGroundReactions 类管理起落架集合(FGLGear 对象),FGAerodynamics 类管理气动力和力矩的列表(FG-Function 对象)。模型类列表如下(按执行顺序排列,见图 3-3):

- Input(输入)
- Atmosphere(大气)
- FCS((集合管理器类)飞行控制系统)
- Propulsion((集合管理器类)推进)
- Mass&Balance(质量和平衡)
- Aerodynamics((集合管理器类)空气动力学)
- Inertial(惯性)
- Ground Reactions((集合管理器类)地面反应)
- Aircraft(飞行器)
- Propagate(传递)
- Auxiliary(辅助)
- Output(输出)

执行类(FGFDMExec)既存储自己的私有访问指针,指向这些类的实例,又管理每个类实例在每个帧上的顺序执行和循环执行。

下面将具体介绍上述模型类对象。

1) Input(输入)

FGInput 类实现了 JSBSim 的输入功能,并且是在框架中执行的第一个 FGModelderived对象。在实例化和初始化模型类之后,开始加载飞机文件,如果载入机型配置文件时,有<input>标签,那么在这个过程中,将会调用 FGInput 中的 load()函数。

FGInput::Load()创建 FGfdmSocket 类的实例,将端口号作为参数传递。此套接字设置通信接口并开始侦听,以便准备接收来自另一个进程的连接请求。

在运行时,调用 FGInput::Run()函数。如果数据已通过套接字接收,则处理、解析数据并检查是否存在已知关键字。如果找到这些关键字,就会采取适当的行动。

2) Atmosphere(大气)

大气模型(FGAtmosphere 类)模拟的是标准大气,它还能模拟风和湍流。Atmosphere 类可以计算基本属性(气压、密度、温度)或者其他可以从外部流程设置的参数。大气的属性可以在 Run()函数中计算,并执行每一帧。如果大气特性是由外部源提供的,则调用 CalculateDerived()函数。如果标准属性由 FGAtmosphere 类本身计算(常规方法),则首先检索当前高度,然后调用 Calculate()函数来确定压力、密度和温度。随后调用 CalculateDerived()函数来计算依赖于标准大气值的附加值,CalculateDerived()函数中计算的附加参数包括声速、密度和高度。

FGAtmosphere 类也可以作为其他大气模型的基类,其中有一个子目录 atmosphere/,在该目录下可以找到另外两个大气模型 FGMSIS and FGMars。

3) FCS(飞行控制系统)

FCS 类封装了飞行控制系统(FCS)功能,该类拥有并包含(管理)FGFC-SComponent-derived 对象列表,这些对象定义了加载飞机的控制系统。FGFCS 还提供可以读取和设置不同的标准飞行控制参数的函数。

FGFCS 的构造函数初始化各种参数,并调用 bind(),后者将属性名(文本字符串)与访问方式(获取和设置属性值的方法),比如 GetThrottleCmd() 和 SetThrottlePos()(用于获取和设置油门值)绑定在一起。属性系统(property system)允许通过配置文件的方式指定属性名,并在运行时访问属性,因此可以通

过在配置文件中设置 FCS 属性值,将某个属性值设为异常值,来实现飞机飞行
控制系统失效的仿真。

调用 FGFCS∷Load( )时,解析含有<flight_control>元素标记的飞机配置文
件。飞行控制定义可以有任意数量的通道,每个通道都包含一系列 FCS 组件定
义。当解析每个组件定义时,则会创建关联该类对象的实例,并将指向该对象
的指针推入存储"数组"——标准模板向量容器。

共有 3 个单独的向量容器可以使用,因为可以为任何飞机模型指定两个飞
行控制对象:自动驾驶仪和飞行控制系统。第三个向量包含指向传感器对象的
指针。这样能够实现首先计算传感器值,然后在运行第二组组件之前执行一组
完整的飞行控制组件(表示一组控制律)。

在运行时,组件列表按顺序执行,调用每个组件的 Run( )函数。

4) Propulsion(推进)

推进类(FGPropulsion)管理多个任何类型或组合类型的引擎对象的集合。
在初始化时,将读取配置文件的 Propulsion 部分,如果遇到发动机部分,将创建
该发动机的实例并将其添加到发动机数组中。在运行时,Propulsion 类按顺序
运行列表中的每个发动机。每台发动机计算发动机参数、燃料用量等,最后返
回发动机对机体施加的力和力矩。燃料/推进剂则根据消耗量逐渐从油箱(FG-
Tank)中减去。

JSBSim 中针对几种不同的引擎类型进行建模:

- 活塞发动机(支持涡轮增压),FGPiston 类
- 涡轮发动机,FGTurbine 类
- 涡轮螺旋桨发动机,FGTurboProp 类
- 火箭发动机,FGRocket 类
- 电动发动机,FGElectric 类

发动机特定的参数在 XML 格式的发动机配置文件中定义,每个发动机都
"拥有"一个推进器对象,用来将发动机的动力转化为力。推进器可以是螺旋
桨、喷嘴或直接为一个对象。

5) Mass & Balance(质量 & 平衡)

JSBSim 的重量和平衡模型包括惯性矩、重心和质量的计算,FGMassBalance
类处理质量属性计算。在初始化时,将读取配置文件的 mass_balance 部分并赋
值。点质量可以在配置文件中指定。如果指定了,则将指定值添加到点质量对
象数组中。在运行时,飞机的总重量是通过计算空载重量、点质量重量和燃料

重量之和来计算的。同样,重心和惯性矩是由初始的空值和各部分之和计算出来的。

6) Aerodynamics(空气动力学)

与飞行控制和地面反应类一样,空气动力学类(FGAerodynamics)也是一个集合管理器类,它将单个力和力矩定义存储在 6 个数组中的任意一个数组中。在初始化时,读取配置文件的空气动力学部分,并读取各个力或力矩值。在运行时,将处理每个力或力矩函数定义,为定义的每个轴生成一个力或力矩量。

7) Inertial(惯性)

FGInertial 惯性类是一个非常轻量级的类,它初始化半径范围并引用加速度值。在运行时,它计算由于重力引起的当前加速度,作为飞机当前位置(高度)的函数。

3.1.3 JSBSim 脚本运行

JSBSim 可以通过读取脚本自动运行,脚本需要用 JSBSim 的特定脚本指令来书写,脚本文件是 XML 格式的。可以在脚本中的事件(event)中设置条件(或多个条件),当条件(condition)的计算结果为"true"时,将执行指定的操作。事件是持久性产生作用的,当测试条件的计算结果为"true"时,指定的"set"操作将被触发并始终执行。当触发条件满足时,可以将某个属性设置为一个特定值(value),这个值可以是一个值,也可以是一个变化量。从当前值到新值的变化可以通过阶跃函数、比例或指数方法实现,值变化速率是通过设置时间常数来指定的。

以下是脚本中几个重要的标签介绍及其编码格式要求:

1. 事件标签<event>

JSBSim 脚本文件中的事件主要用来控制哪些操作在何时发生。事件元素包含一个或多个必须满足的条件,用以触发事件,当条件满足时则采取对应的操作,以及是否打印声明事件已被触发的消息。

事件的整体布局如下:

```
<event name = "text" [ [ persistent = "true|false" ] |
[ continuous = "true|false" ] ] >
[ <description> text </description> ]
<condition [ logic = "AND|OR" ] >
text
```

```
[ <condition [ logic = " AND | OR" ] > … </condition>]
</condition>
<! -- Form 1 for the set element -->
[ <set name = " text"  value = " number"
[ type = " value | delta" ]
[ action = " step | ramp | exp"  [ tc = " number" ] ]/>
<! -- Form 2 for the set element -->
[ <set name = " text"
[ type = " value | delta"
[ action = " step | ramp | exp"  [ tc = " number" ] ] >
<function>
…<! -- Function definition --> …
</function>
</set>]
[ <delay> number </delay>]
[ <notify>
[ <property> name </property>]
[ … ]
</notify>]
</event>
```

2. 条件标签<condition>

条件检验使用"标准"JSBSim 条件结构建模,该条件结构也用于飞行控制开关组件。指定条件来确定列出的操作(如果有的话)应该在什么时候执行。条件可以是很复杂的。例如,一个条件可以包含条件组的各种分组,例如(A 和 (B 或 C))。条件标签的格式一般为

```
<condition>
sim-time-sec gt 0. 50
</condition>
```

此条件仅检查模拟时间是否大于 0. 50s。如果是,则条件计算为"true",并触发事件。我们可以把触发条件扩展为一个条件组:

```
<condition>
sim-time-sec gt 0. 50
```

```
<condition logic="OR">
aero/qbar-psf gt 4.5
gear/unit/WOW eq 0
</condition>
</condition>
```

以上编码表示:如果模拟时间大于0.50s,且qbar的值大于4.5或前起落架已经抬起,这个条件测试的值将为"true",需要注意的是,逻辑属性默认为"AND"。

可以使用的触发条件运算符集合有:EQ(等于)、NE(不等于)、LT(小于)、LE(小于等于)、GT(大于)、GE(大于等于)。

条件运算符也可以写成小写,也可以使用标准的数学运算符(例如:LE可以写为<=),但是由于尖括号在XML文件中有特殊的含义,它们可能会导致一些XML应用程序出现问题,所以最好避免使用数学运算符。

3. 设置标签\<set>

当条件计算为"true"时,将执行指定的任何操作。这里有几个设置标签中常用的控制动作指令的属性:

name(名字)——将要控制的属性名;

value(数值)——属性将要被设置的数值(可以是数字型的数值或另一种属性);

action(动作)——指定将新值分配给命名属性的方式,方式包括阶跃、比例、指数。如果没有设置赋值方式,则默认为阶跃方式;

type(类型)——指定新值为数值还是变化值,分别用value和delta表示,如果没有提供type属性,则假定为默认值,默认是为数值。

tc(时间常数)——指定数值时间常数,该常数控制指数或比例动作应用于属性值的速度。

此外,set标签还允许指定一个函数,通过该函数提供应用于命名属性的值。

4. 延迟标签\<delay>

可以为事件指定延迟,以便在触发事件后几秒内执行该事件。

5. 通告标签\<notifications>

有时事件可以是只打印通知的事件。也就是说,不必为事件指定操作,这种事件的作用主要是用于通知用户,打印一些用户所指定的属性值,以便用户能够获取到当前飞行信息,了解飞行状态。

3.1.4 JSBSim 的应用

JSBSim 飞行动力学模型软件库的设计是相当容易理解的,对于学习航空航天工程的学生十分有帮助;因其易于配置,它还在许多方面为行业专业人员提供了帮助。它已经被纳入更大的、功能齐全的飞行模拟软件中(如 FlightGear, Outerra 和 OpenEaagles),并作为批量仿真工具在工业和学术界得到了广泛的应用。

3.1.4.1 JSBSim 在研究中的应用

美国米特公司(MITRE)正使用 JSBSim 开发一套能在连续下降(CDA)和优化下降(OPD)下作用的六自由度仿真飞行管理系统。研究中同时使用了 JSBSim 独立版本(用于批处理运行)和集成在 FlightGear 中的版本,另外还创建了控制系统组件,以支持特定的横向和纵向导航研究。研究中还将 JSBSim 进行了扩展,可以通过套接字将消息输出到米特公司(MITRE)使用的另一个应用程序中,该应用程序能提供类似于空中交通管制员所看到的视图。

美国交通部使用 JSBSim 开发了一套飞行员人体数学模型,其中 JSBSim 作为六自由度仿真的核心部分。

那不勒斯大学使用 JSBSim 作为一种评估近地面飞行作业风险水平的工具。在这些碰撞风险研究中考虑的一个实际问题是:当一个新的障碍物(例如建筑物或雷达塔)设在机场区域内时,评估其对飞行作业的威胁。通过改变障碍物的几何形状和位置来进行风险评估。风险评估程序是基于分析飞机轨迹与"正常"飞行轨迹的统计偏差,评估一般轨迹能够跨越包含潜在障碍物的给定"保护"区域的概率。

3.1.4.2 JSBSim 在半实物仿真中的应用

目前,Aerocross Echo Hawk 无人机公司正在使用 JSBSim 进行硬件在环半实物(HITL)仿真测试,编写了自定义代码通过 RS-232/422/485、比例模拟 I/O、离散 I/O 和套接字等接口来与飞行硬件接口进行连接,核心仿真代码是未修改的 JSBSim 代码,飞行员/操作员培训也依赖于 JSBSim 作为六自由度代码。

杜邦航空公司使用 JSBSim 与 MATLAB 一起进行实时半硬件(HITL)仿真和飞行员/操作员培训。为了增强控制系统的稳健性,杜邦航空公司构建了各个相关模块的 MATLAB 仿真器和 JSBSim 派生仿真器,并进行了一系列单元测试,为每个模型提供了一系列输入,并进行交叉验证,以确保两个系统保持同步。使用 JSBSim 系统来测试一些不容易用 MATLAB 模型测试的动态问题,尤其是在盘旋和切换阶段一些飞行员的感觉和可控性问题。这些问题在 MATLAB 的纯控制系统中是很难评估的,因为在过渡过程中,基础力结构是在不断变化的。随着气动力变得越来越重要,纯推力控制力越来越小。

除此之外,杜邦航空公司还对气动仿真中关键参数对估计误差的敏感性等问题进行了参数化研究。这些研究是通过让飞行员进行一系列的标准操作来完成的,这些操作旨在测试飞机在一个或多个参数退化多达 50%时的反应(飞行员不知道哪个参数被改变了)。还模拟了不同的伺服带宽,测试了在什么时候飞行特性变得不可接受。这有助于定义所需的特性,因为飞行员对控制系统的期望几乎总是与最优理论参数不同。

意大利那不勒斯大学开发了一套用 JSBSim 和 FlightGear 驱动的运动基地飞行/驾驶模拟器。模拟器有一个三屏幕的视觉演示,提供了 190°的视野。通过修改 JSBSim 源代码提供力反馈功能。

3.1.5 编译 JSBSim

由于本书所用示例大都是在 Windows 操作系统下运行的,因此这里仅介绍 Windows 环境下 JSBSim 的编译,如果读者需要在其他操作系统下编译 JSBSim,可查看 JSBSim 官网参考手册(http://jsbsim. sourceforge. net/JSBSimReference-Manual. pdf)。

3.1.5.1 资源下载

可以通过以下链接访问 JSBSim 的 GitHub 存储库下载 JSBSim Win64 解决方案文件:github. com/JSBSim-Team/JSBSim。

3.1.5.2 使用 Visual Studio 编译 JSBSim

在 JSBSim 源文件 JSBSim - master 中找到解决方案文件 JSBSim. sln。用 Visual Studio 2017 打开可执行文件。项目文件已配置为将编译器和链接器的中间文件和最终输出文件存储在 JSBSim 源代码树之外的目录中, 即 JSBSim - master\src 之外。点击"生成"菜单中的"批生成"命令,分别勾选 x64debug 版的 JSBSim、aeromatic 和 prep_plot,点击"生成",待生成完成后即可在 JSBSim - master 根目录下找到 Debug 文件夹,其中就包含 JSBSim. exe 可执行文件。图 3- 4 为生成可执行文件。

3.1.5.3 运行 JSBSim

这里有两种方式运行 JSBSim:

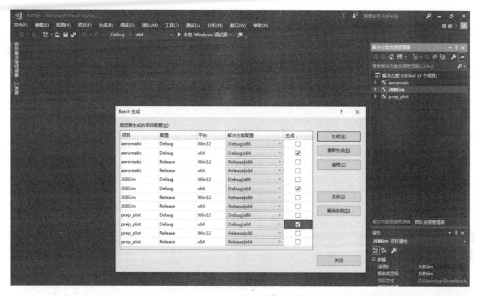

图 3-4　生成可执行文件

（1）直接在 Visual Studio 2017 中打开 JSBSim. sln 解决方案文件,右击 JSB-Sim,选择"属性",在配置属性选项卡中选择"调试",在命令参数中输入想要运行的命令即可。图 3-5 为输入命令参数运行 JSBSim。

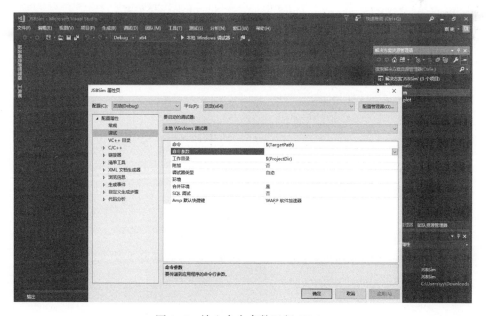

图 3-5　输入命令参数运行 JSBSim

（2）点击"开始"→"运行"，输入 CMD，打开命令控制台，切换到 JSBSim. exe 的目录下，这里使用 cdC：\Users\yy\Downloads\jsbsim-master\Debug 命令即可切换，之后即可运行特定的指令，如图 3-6 所示。

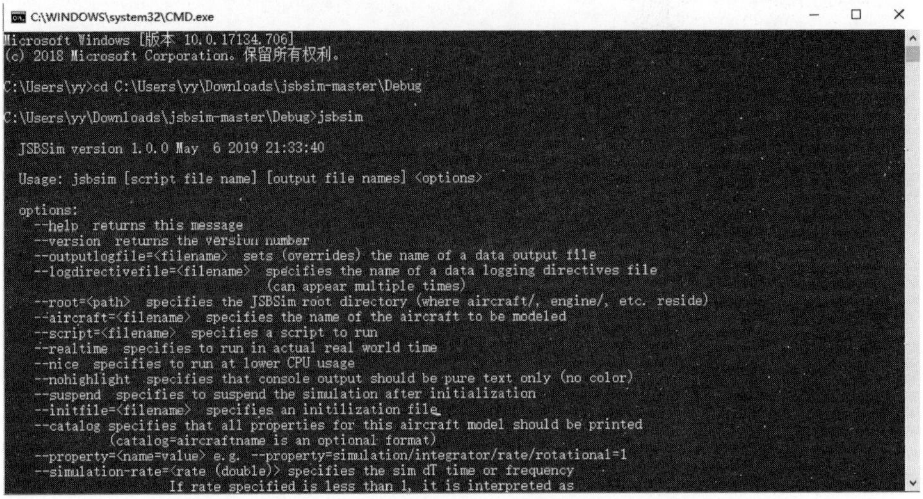

图 3-6　在 CMD 中运行 JSBSim

① 运行方式为：在命令控制台中输入"<JSBSim-root-dir>$ JSBSim"指令运行 JSBSim，其中<JSBSim-root-dir>表示 JSBSim 可执行文件的位置。

也可通过 Visual Studio 打开 JSBSim. sln 文件，右击 JSBSim 选择"属性"，在"调试"选项卡中的"命令参数"行输入脚本路径和名称等，然后返回编译器，点击"本地 Windows 调试器"直接运行。

② 通用格式为：JSBSim［script name］［output directive files names］<options>

其中［script name］表示脚本名称；［output directive files names］表示输出文件名称；<options>表示命令选项。

<options>命令选项包括：

　　--help　　　　　　　　　　　　　调出帮助信息

　　--version　　　　　　　　　　　调出版本号

　　--outputlogfile＝<filename>　　设置/替换数据日志文件的名称

　　--logdirectivefile＝<filename>　设置数据日志指令文件的名称

　　--root＝<path>　　　　　　　　设置 JSBSim 根目录

　　--aircraft＝<filename>　　　　　设置要建模的飞机的名称

--script=<filename>	指定要运行的脚本
--realtime	指定按照真实时间运行
--nice	指示 JSBSim 在低 CPU 使用率下运行
--suspend	指定初始化后暂停模拟
--initfile=<filename>	指定要使用的初始化文件
--catalog	指示 JSBSim 列出此模式的所有属性
--end-time=<time>	指定模拟结束时间(例如 time=20.5)
--property=<name=value>	将属性设置为某个值

例如:--property=simulation/integrator/rate/rotational=1

注意:当一个选项后面跟着一个文件名时,"="符号周围不能有空格。

3.2 可视化飞行仿真软件 FlightGear

3.2.1 FlightGear 简介

FlightGear 是一款功能全面、兼容性突出且拓展性优越的非常优秀的专业飞行视景仿真软件,它支持各种操作系统(Windows、MacOS 和 Linux 等),它由全球专业志愿者开发,整个项目的源代码都是完全开放的,并且用户可以在源代码中自行修改编译来达到自己想要的效果。且其官网支持数百种飞机模型的下载,包括军用、民用和通用航空领域,其中飞机模型的配置主要采用 XML 配置文件的形式,支持修改,同时也能使用外部的飞行动力模型进行仿真,其环境模型非常真实,能够模拟与真实环境极其类似的场景与音效;还具有 I/O 接口,能够支持对飞行器的输入控制和飞行参数的输出。

3.2.2 FlightGear 特性

FlightGear 特性如下:

(1) **开源**:商业飞行模拟器有个通病:由一群开发者根据自身私有需要定义什么对他们来说是重要的,并限制终端用户的接口。但 FlightGear 是为所有人设计的,所有的一切都是开放的。商业模拟器通常要在实用性和特性之间做出权衡,大多数商业开发者希望服务于更广泛的用户群,包括飞行员、初学者甚至是休闲玩家。而事实上,最终都会向期限和资金妥协。但由于 FlightGear 的开源特性,也就没有了那些妥协。另外,由于商业飞行模拟器天然闭源,商业模拟器开发者将自己的想法和技能封闭地贡献给了他们的产品,在 FlightGear 中,开发者的所有技术水平和想法都可以公开,并获取其他人的帮助,从而不断完善。

(2) **跨平台**:开发者尝试让代码尽可能做到平台无关性。以下为支持 FlightGear 的操作系统:

- Linux(任何发行版和平台)
- Windows (Intel/AMD 平台)
- BSD UNIX
- SunOS
- MacOS

目前为止,还没有任何一个飞行模拟器——无论是商业的或者自由的飞行模拟软件能够支持如此广泛的平台。

(3) **开放**:FlightGear 不受限于任何一个开发者,它是不断地接受着开发者的贡献,源代码(包括文档)都是以 GNU 公共许可协议(GNU general public license)也就是 GPL 授权的。

(4) **用户支持及用户可拓展性**:不像大多数商业模拟器,FlightGear 中的地景和飞行器的格式、内部变量、应用程序编程接口(API)以及其他所有配置都是用户可以访问的,并配有从基础开始的文档。即使没有任何明确的开发文档,用户都可以参考源代码来学习其背后原理。Flightgear 的开发目标是构建一个基础的引擎,它可以让地景设计者、仪表板工程师、专家或者空中交通管制(ATC)系统设计者、声音制作者以及其他人共建其中。

3.2.3 FlightGear 的飞行动力模型

FlightGear 的飞行动力模型包括:

(1) JSBSim:Flightgear 中最常用且最重要的飞行动力模型就是六自由度飞行动力学模型——JSBSim,由 Jon S. Berndt 和他的团队开发。

(2) YASim:Andrew Ross 创建了另一个飞行模型——Yet Another Simulator(YASim)。YASim 使用和其他飞行动力模型完全不同的方式,基于几何信息而不是基于空气动力学信息。

(3) UFO:Christian Mayer 开发了一款热气球的飞行模型。后来 Curt Olson 整合了"UFO"瞬移模式,可以使飞行器快速从 A 点移动到 B 点。

(4) UIUC:UIUC 飞行模型由伊利诺伊大学香槟分校的团队研发,这个项目最开始是面向飞行器结冰建模,其特点在于"非线性"空气动力学模型,也就是让飞机在极端姿态下变得更真实,比如失速和大迎角飞行。

3.2.4 FlightGear 的分系统

FlightGear 作为一个通用的飞行模拟系统,结构组织甚为复杂,各个系统不是独立而是有联系的,它的各模块之间的关系如图 3-7 所示。

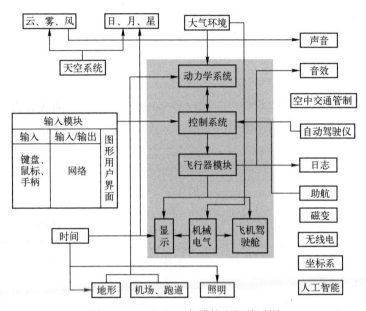

图 3-7 FlightGear 各模块之间关系图

动力学系统:它是系统的核心部分,根据机型的不同现已有几种仿真模型,如 UIUCsim、LaRCsim、YAsim 和 JSBSim 等。其中 LaRCsim 是 JSBSim 的前身,已被 JSBSim 代替,基本不再使用;UIUCsim 是由美国伊利诺伊大学开发而成;YAsim 和 JSBSim 是两个最为通用的模型,YAsim 的精确度较低,主要针对旋翼飞机,是通过模拟飞行器不同部分的气流方法进行仿真解算,JSBSim 的精确度较高,是一个通用的六自由度动态模型,针对固定翼飞机,主要功能是对飞行控制系统的输入做出反应,对飞机的空气动力特性进行仿真,对飞机的六自由度非线性运动方程进行解算等。

输入/输出模块:用户可选择键盘、鼠标或飞行摇杆等计算机外设操纵飞行模拟软件来驾驶飞机,也可以通过网络对 FlightGear 进行飞行控制,同时可以将飞机飞行中的六自由度信息通过网络接口传递下来,以便对数据进行分析或者

直接发送给飞控机进行半物理仿真,用户也可以上传飞机的六自由度信息给
FlightGear 进行视景仿真。

时间分系统:根据客户端计算机的系统时间,可以得到格林尼治标准时间
(GMT),再根据飞行器所在位置(经纬度),得到当地时间、时区,进而可以确定
日、月等天体的位置,并且得到磁变值;由磁变值和位置通过罗盘(或方向陀螺)
可以确定当前方位。视景系统在渲染时将根据当地时间表现不同的场景画面,
比如正午艳阳高照、傍晚夜幕降临尤其是晚上,繁星将布满天空,照明系统将开
启,跑道上的各种指示灯将打开。

坐标系:在飞行仿真中,主要应用的坐标系有:笛卡儿坐标系(CART)、地心
坐标系(GEOC)、测地学坐标系(GEOD)、北-东-地坐标系(NED)、机体坐标系
(body system,BS)。其中笛卡儿坐标系即全局坐标系,是其他坐标系的参考坐
标系。地心坐标系即世界坐标系(world coordinate system,WCS),采用 WCS-84
坐标系。测地学坐标系也叫地理坐标系,是一个角度坐标系统,用经、纬度与海
拔表示。NED 也称载机地理坐标系。机体坐标系原点取在飞机质心上。

飞行器模块:即整机状况,是各系统的综合,受环境影响、由控制系统操纵
(如起落架、襟翼收放、各舵面位置及角度等)。其飞行轨迹和姿态由日志分系
统记录,视景系统完成飞行仿真环境的渲染,并可切换视点,从不同角度观察飞
行姿态,各部件及风的噪声由声音及音效分系统模拟。

机械电气分系统:用于供电、采集外界的环境数据,向控制、屏显等分系统
提供服务,由供电系统以及空速管、静压管、真空系统等组成。

显示分系统:用于指示飞行状态及各种重要信息,由空速表、姿态仪、高
度计、垂直速度表、航向陀螺仪、协调转弯指示仪、转速仪、罗盘、航向偏离指
示器(CDI)、自动定向机(ADF)、平视显示(HUD)、燃油表、油压/油温表、燃
油油量/废气温度表、真空计、点火开关、油门、油气混合门、各种信号灯、时钟
等组成。

飞机驾驶舱分系统:用图形模拟真实飞机驾驶舱,由座椅、操作手柄、开关
旋钮、油门杆、指示灯、仪表等组成。

声音和音效分系统:用于模拟各种声音,比如开关舱门、发动机启动、螺旋
桨旋转、起落架接地、信号灯报警、无线电接收、风声等。

日志分系统:用于记录重要信息,比如飞行轨迹、飞机姿态(方位角)等,保
存在 CVS 文件中,需要保存哪些信息可由用户自己设置。

地形、机场等分系统:由用户设定,系统已集成全球地形、地貌和众多机场。

其中大气环境也可通过网络实时采集。另外还有空中交通管制(ATC)/人工智能(AI)、无线电、自动驾驶、助航等分系统。

3.2.5 FlightGear 的应用

国内外已经有很多应用 FlightGear 做飞行仿真的案例:南京航空航天大学的刘鹏,利用 FlightGear 与飞行控制计算机、仿真设备的串行通信和 UDP 网络通信,完成无人直升机飞行数据可视化回放、"等效飞控"数字仿真、半物理实时仿真等 3 种不同的 FlightGear 系统应用。大连理工大学的蔚海军,用 C++语言对直升机动力学模型做了开发,使用该模型作为系统新的动力学引擎,完成与 FlightGear 的集成。同时利用 OpenGL 技术,实现了二维仪表盘的绘制和三维直升机模型的重构。天津大学的于琰平,使用 C++语言开发了系统的通信模块,完成通信模块与 FlightGear 的集成;并开发了可视化的客户端界面,使用 CScope 控件开发了虚拟示波器对数据进行实时监控。美国安柏瑞德航空航天大学的 Mohammad 和 Massood,提出了一种可扩展到其他机型的基于 FlightGear 仿真的波音 737 自动驾驶仪设计,并对该自动驾驶系统进行了多次测试以验证飞机性能,并将该自动驾驶仪与传统的自动驾驶仪进行了比较,并给出了对比结果。主要在 JSBSim 中设计并实现了飞行动力模型和自动驾驶系统,通过运行不同飞行动作指令的飞行脚本,验证自动驾驶系统的功能。

3.2.5.1 基于 FlightGear 与 MATLAB 的联合仿真技术研究

由于 FlightGear 中的空气动力学模型是六自由度的,而 MATLAB 仿真模型也支持六自由度输出,因此可建立基于 FlightGear 与 MATLAB 的联合仿真,首先要设计 3D 可视化模型,然后通过 MATLAB/Simulink 仿真工具,建立了非线性六自由度飞行模型和自主导航控制系统为主的航迹/姿态仿真模型。在此基础上,利用 FlightGear 飞行模拟器提供的外部数据输入/输出接口,将飞行航迹/姿态等仿真数据通过数据发送和接收模块进行网络实时传递,驱动 FlightGear 可视化引擎,实现了飞行仿真的三维实时可视化显示。图 3-8 为 FlightGear 与 MATLAB 的联合仿真流程图。

南京航空航天大学的宣昊,在 MATLAB/Simulink 仿真软件中搭建了无人直升机的比例-积分-微分(PID)控制仿真系统,并利用粒子群优化算法对 PID 控制器的控制参数进行优化设计,开发了一套基于 FlightGear 和 MATLAB 的无人直升机控制视景仿真系统。沈阳航空航天大学的施雯,提出基于 Dubins 曲线的无人机三维蚁群航迹规划算法,并结合 MAPX 的二位地图显示技术,设计出一

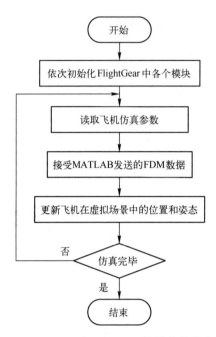

图 3-8 FlightGear 与 MATLAB 的联合仿真流程图

套无人机航迹规划显示系统,该系统将飞行控制数据传输给无人机 Simulink 动力学模型,计算为飞行数据后,再传输给 FlightGear,并使用三维建模软件 AC3D 构造了无人机和地面被攻击目标的立体模型,实现无人机渲染效果以及对地攻击。西北机电工程研究所的张龙等,在 XML 配置文件及 UDP 网络通信接口驱动的基础上构建数据驱动的可视化仿真模块,采用 FlightGear 飞行模拟平台与 Simulink 软件结合的方式,实现制导弹药实测飞行数据可视化系统的构建。布拉格捷克理工大学的 Martin 和 Pavel,研究了两种低成本的航姿参考系统 (AHRS)校准程序并采用基于实时飞行仿真的专用自动测量系统对惯性导航系统(INS)机械化算法进行验证。通过将 FlightGear 的输出数据传递给安装有两个姿态和航向参考系统(AHRS)的旋转倾斜平台上,收集、处理和评估 AHRS 组件的输出数据以验证组件的精度与可靠性。FlightGear 模拟器作为数据提供端,将数据转换为适合 RoTiP 的格式。FlightGear 通过输出接口将事先选择好的内部变量发送到 RoTiP 平台进行硬件仿真。同时 FlightGear 将飞行数据发送给 MATLAB 分析平台,将在平台上进行测试的两个组件输出数据发送到 MATLAB 中,与 FlightGear 原始飞行数据在 MATLAB 分析平台上进行比对,从而验证组件精度。Omer 和 Sefer,研究了无人机的自主飞行问题,提出了一种基于模糊逻辑的自主飞行和着陆系统控制器。并利用 MATLAB 的标准配置和具有六自由度非线性通用载人/无人飞行器模型的航空仿真模块集 Aerosim 对该控制器进行了评测,同时用 FlightGear 飞行模拟器和飞行仪表获得视觉输出,帮助设计人员评估控制器性能和潜力。

由上述研究可以看出虽然利用基于 FlightGear 与 MATLAB 进行联合仿真不失为一种创新性可借鉴的方法,但现有基于 FlightGear 与 MATLAB 的联合仿真技术都是用 MATLAB 中自建的一些不够成熟的飞行动力模型作为主要模型,而FlightGear 则被用作视景仿真的可视化工具,这样就不能借助于许多 FlightGear中已经开发成熟的飞机,利用其更加专业的飞行动力模型来进行仿真,从而反映出飞机对于内部和外部干扰的一些实时反应,也不能充分利用 FlightGear 的开放特性。

3.2.5.2 基于 FlightGear 的硬件在环仿真技术研究

为了验证硬件性能或提高飞行模拟的真实性,一部分专家学者采用基于FlightGear 的硬件在环仿真技术。硬件在环仿真介于纯数值仿真和实物飞行之间,将部分控制对象及控制装置实物嵌入仿真系统结构中,又称"半实物仿真",旨在保留数值仿真优良特性的同时,不失被控对象的真实性。一方面控制器可从实物上采集到真实的信息;另一方面可直接从实物上看到控制效果。同时,硬件在环仿真安全可靠、操作便捷,可谓兼备了纯数值仿真和实物飞行的优点。

那不勒斯费德里克二世大学的 Domenico P. Coiro 和 Agostino De Marco,利用 FlightGear 开发了一套真实的六自由度飞行模拟设备,整个系统既是驾驶模拟器又是飞行模拟器。该设备是一个全尺寸的模拟器,包括一个真实的飞机座舱模型、一个可动平台、一个大型投影系统和一个动力反馈模块。该系统各组成部分的软件套件主要基于 FlightGear 的各项特性建立的,飞机运动仿真、座舱仪表盘、飞行控制、外部景物等均由 FlightGear 提供。所有 FlightGear 实例都在不同的机器上适当地执行,并通过网络协议彼此通信。同时可以在模拟飞行的过程中将 FlightGear 输出数据输入到动力反馈模块,来模拟飞行过程中机舱内的真实运动,为飞行员带来更真实的操纵反馈。该飞行模拟器一方面可以作为研究轻型和超轻型飞机飞行质量的工具;另一方面为这类飞机的飞行员提供相对真实的训练场景。伊尔迪兹技术大学的 Berkay 和 S. Numan,针对飞行仿真中实际飞机的无限运动空间和运动仿真平台的有限运动空间的问题,在运动平台的算法中加入了一个冲失滤波器可以克服这一问题。并通过将 FlightGear 的飞行实时参数用冲失滤波器处理后传递给六自由度台式可动平台来测试这一算法。天津大学的赵勃和鲜斌等,搭建了硬件在环仿真平台,该平台使用小型四旋翼航模实物作为被控对象,MTi 惯性测量单元作为姿态传感器,PC/104 嵌入式计算机作为仿真控制器,以 TI-TMS320F28335 数字信号处理器(DSP)作为底层电机控制芯片,以基于 MATLAB RTW 工具箱的 xPC 目标为实时仿真环境。通过 FlightGear 和 Google Earth 软件虚拟并实时显示飞行器状态及飞行轨迹。该平台可方便、便捷、直观地针对不同飞行控制算法进行硬件在环仿真,在确保仿真实验安全可靠的前提下,真实地反应了四旋翼飞行器的运动姿态,同时充分发挥 MATLAB 数值仿真简便、高效的优势,为进一步的全自由度飞行器实物飞行试验提供可靠的测试和验证手段。中国科学院沈阳自动化研究所的 Juntong Qi 和东北大学的 Jinda Liu,利用 FlightGear 设计了一套半实物仿真系统,它由一个三维飞行和场景模拟器、一个飞行控制系统(FCS)、一个地面控制站(GCS)和一个 RC 辅助控制器组成。其中三维飞行和场景模拟器主要通过运行 Simulink 中的空气动力学模型,并利用 FlightGear 进行视景显示;飞行控制系统主要接受来自地面控制站的控制信号和来自三维飞行和场景模拟器模拟导航信息;地面控制站主要用于对数据包进行分析,并在用户界面上同时展示飞行轨迹、飞行姿态、速度、加速度等基本导航信息,同时向飞行控制系统发送飞行路径/路径点规划、飞行模式切换及各种负载操作等信息。辅助控制器丰富了整个系统的能力,是完全自主飞行或在空中遇到危险的情况下的安全冗余。

3.2.6 编译 FlightGear

FlightGear 通常会在其官网发布稳定的 FlightGear 打包版本,带有安装向导,更新频率大约一年 2 次或 3 次。为了方便,可以去 FlightGear 官网下载和安装这些安装包。

然而,用于构建整个 FlightGear 包的源文件正由数十位贡献者持续开发,他们使用源代码管理系统 Git 协作,每隔几天就创建一个新的"不稳定"版本。若想使用这些不稳定的版本之一,或者修改源文件来创建自己的自定义版本,则需要自主编译 FlightGear,下面将介绍编译 FlightGear 的具体过程。

当然,编译 FlightGear 是有多种不同方法的,读者可以根据自己的需要通过不同方式编译 FlightGear,由于本书的示例大都是在 Windows 环境下运行的,因此这里我们将介绍在 Windows10 环境下,使用 CMake 跨平台安装(编译)工具和 Microsoft Visual Studio 2015 开发工具编译 2018.2.2 版本的 FlightGear。如果需要在其他操作系统下编译 FlightGear,可到 FlightGear wiki 官网(http://wiki. FlightGear. org/Main_Page)上查看。

3.2.6.1　编译前的准备

(1)编译所需要的软件:

① **CMake**。

② **Microsoft Visual Studio 2015 Express（MSVC）**:默认情况下不会安装 C++编译器。需要在安装期间或安装之后通过启动 MSVS 选择此组件,并尝试创建一个新的 C++项目。还要确保标记了"C++基础类"组件,这是成功编译的关键。

③ **Microsoft Windows SDK（64 位）**:可在安装 Microsoft Visual Studio 2015 时,选择该组件安装。

④ **Qt**(可选)。

(2)编译所需要的资源包(图 3-9):3rdParty. x64、Boost、FlightGear、Flight-Gear – data 包、OpenSceneGraph 和 SimGear。其中 FlightGear、SimGear 和 FlightGear-data 包需要在 FlightGear 官网下载,其他第三方包需要在各自的官方网站下载对应版本。

> 3rdParty.x64.zip
> Boost_1_69_0.7z
> FlightGear-2018.2.2.tar.bz2
> FlightGear-2018.2.2-data.tar.bz2
> OpenSceneGraph-data-3.4.0.zip
> SimGear-2018.2.2.tar.bz2

图 3-9　编译 FlightGear 所需的资源包

(3)配置环境变量:配置 VS2015 的环境变量,配置 CMake、SimGear、3rdParty. x64、Boost 和 OpenSceneGraph 的环境变量。

具体操作:右键单击"此电脑",单击"属性",选择"高级系统设置",单击"高级"选项卡,选择"环境变量",在"系统变量"中的"path"下,单击"编辑",最后分别填入 CMake,SimGear,3rdParty. x64,Boost 和 OpenSceneGraph 的路径。

(4)设置文件目录:在 Windows 上,为了能够在编译时自动发现依赖项,需要对目录结构设置如下。

```
${MSVC_3RDPARTY_ROOT} /
3rdParty. x64 /
   bin /
   include /
   lib /
Boost /
   boost /
   lib64 /
install /
   msvc140-64 / ( for VS2015 64-bits, or msvc100-64 for VS2010 64-bits, or msvc90-
   64 for VS2008 64-bits )
      OpenSceneGraph / ( OSG CMake install )
         bin /
         include /
         lib /
      SimGear / ( create this empty for now, subfolders will be created by build process )
         include /
         lib /
      FlightGear / ( create this empty for now )
         include /
         lib /
```

（5）开始编译：编译顺序是首先编译 3D 图形工具包 OpenSceneGraph，然后在 OpenSceneGraph 的基础上编译 SimGear，最后编译 FlightGear，其中 Open-SceneGraph 是一个开源的高性能 3D 图形工具包，使用标准 C++语言编写，通过它能够更加快速、便捷地创建高性能、跨平台的交互式图形程序。它为诸如飞行器仿真、游戏、虚拟现实、科学计算可视化这样的高性能图形应用程序开发而设计。基于场景图的概念，提供一个在 OpenSceneGraph 之上的面向对象的框架，从而能把开发者从实现和优化底层图形的调用中解脱出来，并且为图形应用程序的快速开发提供很多附加的实用工具。SimGear 是一系列库的集合，这些库提供了构建模拟、可视化甚至游戏所需的各种功能。所有 SimGear 代码都设计为可跨各种平台和编译器。它主要是为了支持 FlightGear 项目而开发的。下面小节将介绍具体的编译步骤。

3. 2. 6. 2　编译 OpenSceneGraph

在编译较早版本的 FlightGear 时，OpenSceneGraph 是不需编译的，使用下载好的 OpenSceneGraph 二进制包即可满足要求，但在 FlightGear2018 之后的版本中，编译 SimGear 需要编译 OpenSceneGraph 时，把 OSG_USE_UTF8_FILENAME 设置为开启，因此需要重新自主编译 OpenSceneGraph。以下为具体的 OpenSceneGraph 编译步骤：

1. 安装源码

（1）准备安装包：到 OpenSceneGraph 官网下载 OpenSceneGraph 源码压缩包，OpenSceneGraph 官方实例包的 OpenSceneGraph-data 压缩包，第三方库 3rdparty. x64 压缩包，将其分别解压，如图 3-10 所示；

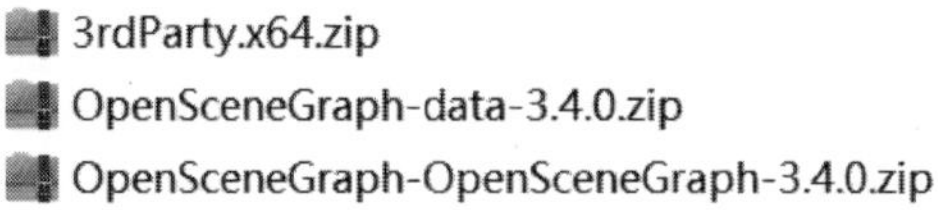

    3rdParty.x64.zip
    OpenSceneGraph-data-3.4.0.zip
    OpenSceneGraph-OpenSceneGraph-3.4.0.zip

图 3-10　编译 OpenSceneGraph 所需的压缩包

（2）打开 CMake，填写源码路径和生成的二进制文件预放置路径，如图 3-11 所示；

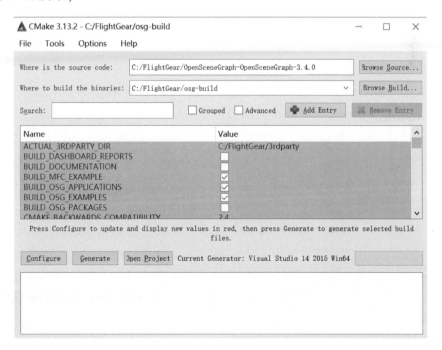

图 3-11　OpenSceneGraph 的 CMake 配置

（3）按下"Configure"按钮，选择相应的 Visual Studio 版本，点击 Finish，如图 3-12 所示；

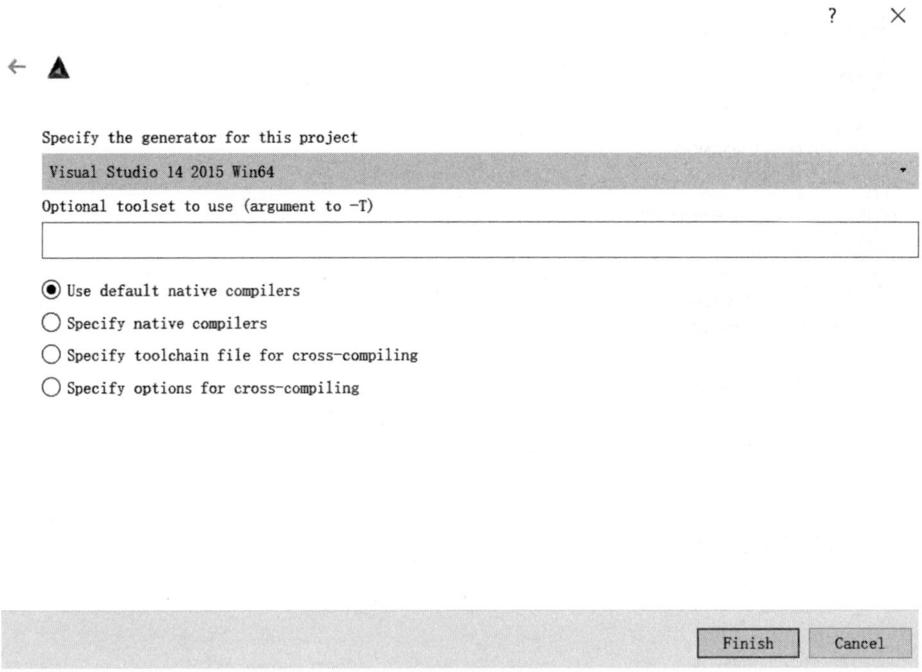

图 3-12　选择编译器版本

（4）点击"Finish"后进行相关设置：

ACTUAL_3RDPARTY_DIR 值设置为第三方库 3rdparty. x64 所在路径。

BUILD_OSG_EXAMPLES ：勾选

CMAKE_INSTALL_PREFIX ：E：/OSG/OpenSceneGraph/；

（5）点击"Configure"后，将 Advanced 打钩，将 BUILD_MFC_EXAMPLE 和 OSG_USE_UTF8_FILENAME 设置为 on，然后进行最后一次的 Configure 配置，如图 3-13 所示；

（6）点击"Generate"，自此建构完成。

2. 编译阶段

（1）用 VS2015 打开 CMake 生成的 OpenSceneGraph. sln，点击生成-批生成，对 All_BUILD 进行生成，选择 Debug 和 Release 两个版本，点击生成后耐心等待，如图 3-14 所示；

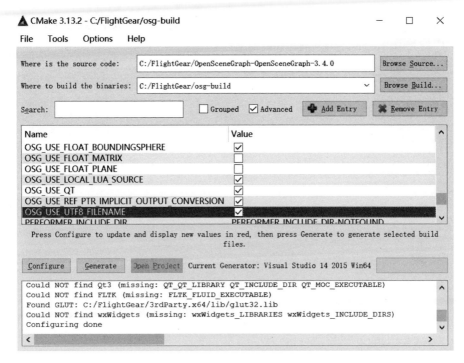

图 3-13　配置完成

图 3-14　对 All_BUILD 进行生成

（2）生成完成后，再对 INSTALL 也进行相应生成编译，如图 3-15 所示；

图 3-15　对 INSTALL 进行生成编译

（3）编译完 OpenSceneGraph 后，设置环境变量，在 PATH 中添加 Open-SceneGraph 的路径，重启计算机；

（4）可在命令行（CMD）进行测试，输入"osgviewer cow. osg"命令，如果显示出如图 3-16 所示彩色 3D 奶牛，则表示 OpenSceneGraph 编译成功。

图 3-16　OpenSceneGraph 彩色 3D 奶牛

3. 2. 6. 3　编译 SimGear

（1）打开 CMake 用户界面。

（2）将"Where is the source code"设置为放置 SimGear 源代码的位置。

（3）将"Where to build the binaries"设置为一个新的空目录（可以是任何位置，也可以是任何名称，例如将其命名为 SimGears - build，与放置解压缩的 SimGear 源文件夹的文件夹位置相同），如图 3-17 所示。

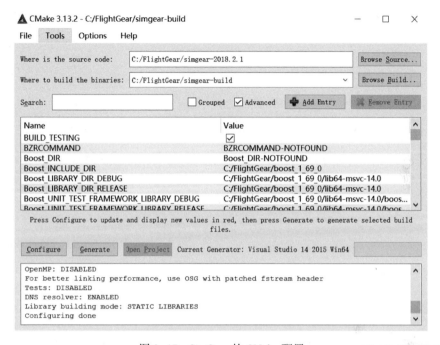

图 3-17　SimGear 的 CMake 配置

（4）按下"Configure"按钮。在第一次配置项目时，CMake 会弹出一个窗口，要求您"指定该项目的生成器"，即希望使用哪个编译器。选择 Visual Studio 14 2015（或 Visual Studio 14 2015 Win64 for 64 位），然后按"Finish"。CMake 将对您的系统进行检查，并生成一个初步的构建配置，如图 3-18 所示。

（5）CMake 会用红色标明新添加的配置变量。有些以-NOT FOUND 结尾。这些变量应该引起注意。一些错误会阻止 SimGear 构建，而另一些错误只会使某些选项无效，而不会导致构建错误。首先检查 MSVC_3RDPARTY_ROOT 变量，如果没有设置，很可能会有很多-NOT FOUND 错误。与其尝试逐个修复每个错误，不如将该变量设置为上述目录结构的位置。然后再按"Configure"按钮。将 CMAKE_INSTALL_PREFIX 变量路径设置为

$\${MSVC\_3RDPARTY\_ROOT}$/install/msvc140/SimGear（msvc140-64 for 64-bit）。检查复选框中的其他行，复选框中都是编译选项，可能会影响构建程序的功能设置，如图 3-19 所示。

? ✕

← ⚠

Specify the generator for this project

Visual Studio 14 2015 Win64　▼

Optional toolset to use (argument to -T)

⦿ Use default native compilers
◯ Specify native compilers
◯ Specify toolchain file for cross-compiling
◯ Specify options for cross-compiling

Finish　Cancel

图 3-18　选择编译器版本

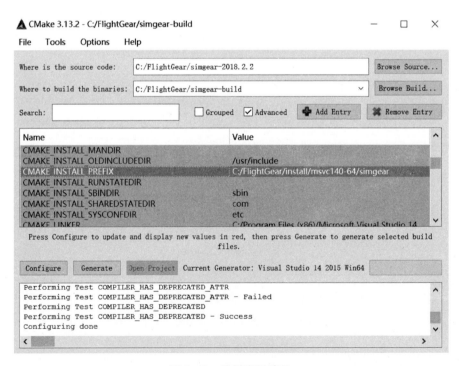

⚠ CMake 3.13.2 - C:/FlightGear/simgear-build　—　□　✕

File　Tools　Options　Help

Where is the source code:　C:/FlightGear/simgear-2018.2.2　Browse Source...

Where to build the binaries:　C:/FlightGear/simgear-build　∨　Browse Build...

Search:　　☐ Grouped ☑ Advanced ✚ Add Entry ✖ Remove Entry

Name	Value
CMAKE_INSTALL_MANDIR	
CMAKE_INSTALL_OLDINCLUDEDIR	/usr/include
CMAKE_INSTALL_PREFIX	C:/FlightGear/install/msvc140-64/simgear
CMAKE_INSTALL_RUNSTATEDIR	
CMAKE_INSTALL_SBINDIR	sbin
CMAKE_INSTALL_SHAREDSTATEDIR	com
CMAKE_INSTALL_SYSCONFDIR	etc
CMAKE_LINKER	C:/Program Files (x86)/Microsoft Visual Studio 14

Press Configure to update and display new values in red, then press Generate to generate selected build files.

Configure　Generate　Open Project　Current Generator: Visual Studio 14 2015 Win64

Performing Test COMPILER_HAS_DEPRECATED_ATTR
Performing Test COMPILER_HAS_DEPRECATED_ATTR - Failed
Performing Test COMPILER_HAS_DEPRECATED
Performing Test COMPILER_HAS_DEPRECATED - Success
Configuring done

图 3-19　选择变量路径

（6）重复第（5）步的步骤，直到没有错误，"Generate"按钮可以按下。

（7）按下"Generate"按钮。

（8）打开 Visual Studio 2015，打开"Where to build the binaries"中输入的路径，找到 SimGear 解决方案（SimGear.sln）并打开。

（9）选择工具栏中的"Release"构件，正确的菜单应该是 32 位的 Win32 或 64 位的 x64。

（10）使用 F7 键生成解决方案，或者在解决方案资源管理器中右键单击顶层"解决方案 SimGear"并选择 Build，如图 3-20 所示。

图 3-20　SimGear 包含的项目

（11）如果有构建错误，返回 CMake，清除剩余错误，重新编译和生成。

（12）当 Visual Studio 能够毫无错误地构建所有内容时，右键单击 INSTALL 项目（在"Solution SimGear"解决方案的下方）并选择"build"，这样就能把 include 和 lib 文件放在 ${CMAKE_INSTALL_PREFIX} 中。

3.2.6.4　编译 FlightGear

在编译 FlightGear 前还需要安装 OpenGL 环境，记得下载一个编译好的

OpenGL,把 include 文件放到 Visualstudio 2010 的 C:\Program Files（x86）\Microsoft Visual Studio 14.0\VC\include 目录,dll 放到 C:\Windows\System32 中。

配置环境变量,在之前的基础上向"path"里面添加编译生成的 SimGear 路径:然后重启计算机生效。

重复编译 SimGear 的步骤,将对应的路径改为 FlightGear。

编译成功后,右击"fgfs",设置为启动项;并设置 fgfs 的工程属性,配置"属性-调试-命令参数",添加 data 的路径。

最后运行程序即可。

第4章 风切变飞行失效场景仿真

4.1 风切变简介

风切变(wind shear)是一种大气现象,是指风速向量(风向、风速)在空中水平和(或)垂直距离上的变化。按风向可分为水平风的水平切变、水平风的垂直切变、垂直风的切变。垂直风切变的存在会对桥梁、高层建筑、航空飞行等造成破坏。发生在低空的风切变是飞机起飞和着陆阶段的一个重要危险因素,被人们称为"无形杀手"。图4-1所示为机场遭遇风切变天气。

图4-1 机场风切变天气

风切变会对飞行安全造成巨大的影响,根据伯努利原理,飞机是靠机翼上下表面流动的空气的压力差产生升力在空中飞行的,因此需要飞机的运动方向与气流的运动方向相反才能产生足够的升力;另外,飞机的姿态控制也需要通过操纵飞机的舵面与通过舵面的气流的相互作用力来实现。所以,飞机最怕的是突然出现的强顺风。而风切变则是速度和方向上发生剧烈变化的气流,会严重干扰舵面的控制效果。会使飞机空速剧烈下降,或者机翼迎角变化,使飞机失速,如果遇到强下降气流,还会直接改变飞机下降率。直接的体现就是飞机出现颠簸、急坠,严重的甚至会出现飞机坠毁的情况。

4.2 风切变导致的事故

2018 年 8 月 28 日,一架北京首都航空由北京飞往澳门的航班在抵达澳门国际机场时,着陆时在低空遇到严重风气变,导致飞机着陆时垂直加速度高于常规导致反弹,其后飞机没有保持正常的俯仰降落姿势发生二次着地,前起落架和主起落架同时着地最后造成硬着陆,导致前起落架组件断裂。飞机随即复飞,最终备降深圳宝安国际机场。

由于当时澳门国际机场没有配备可以探测低空风切变的仪器,为了避免和预防类似事故再次发生,澳门特别行政区民航局对澳门国际机场提出“需评估增加适当设备,以侦测有可能带来危险的天气状况”的建议。从此次事故的发生和事故调查报告分析可以看出,风切变是威胁飞行安全的一大重要因素。在本章,我们针对飞机在飞行过程中遭遇风切变这一案例进行失效场景仿真,通过配置六自由度飞行动力学仿真软件 JSBSim 模拟这一过程,同时利用 FlightGear 飞行模拟软件进行三维可视化显示,从仿真模拟的角度再现飞机遭遇风切变的这一过程。能在一定程度上为飞行事故分析或飞行器优化设计提供参考,从而提高飞机飞行的安全性和可靠性。

4.3 风切变相关的国内外研究现状

4.3.1 面向风切变的仿真建模

对飞机处在风切变环境中的仿真建立一个能真实反映风切变场及有关物理特征的风切变模型是十分重要的。它提供具有典型天气背景的可靠的气象数据,作为研究问题的基础。许多国家,特别是美国,投入了大量的人力物力开展对风切变模型的研究,目前已有的风切变模型可分三类以适合不同问题研究的需要:

第一类是以飞机机场的气象雷达网和塔台组成的监测网的实际测量数据

为依据,用表格的形式记录风切变场风速的大小和方向,以及有关的数据。这方面以美国的联合机场天气研究(JAWS)计划的结果为代表。

第二类风切变模型是常用的工程化的简化模型,这类模型是人们研究风切变对飞机影响时最早采用的模型,表现形式也最多,一般是根据某些物理概念用简单的数学形式拟合而成,也可用流体力学基本解叠加而成。

第三类风切变模型是以描述小尺度气象的大气动力学方程和微物理方程为基础,采用大型计算机直接求解上述方程,如美国航空航天局(NASA)开发的终端区域风切变仿真系统(TASS)模型,它是一个三维时变的对流云型微下冲气流的风切变模型,包括 11 个相互耦合的控制方程、3 个动量方程、1 个压力方程和 1 个位温方程,另外还有描述大气中水分的方程(水汽、水滴、水晶、雹/霰、雨和雪)。表 4-1 是 3 种模型的对比。

表 4-1　风切变模型对比表

风切变模型	优　点	缺　点	应　用
第一类 (JAWS 模型)	基于实际测量数据,数据真实可靠,且建模相对容易	(1) 依赖于先进的测量设备,而且风切变并不是时时都存在,危害较大的微下冲气流一般只持续几分钟,这种模型的建立需要大量的资金和时间的投入; (2) 这种模型的数据存储量大,不适于简单的分析和实时模拟仿真的需要; (3) 实际测量的参数只能是零散的少部分,并且是某几个时间段内的参数,不足以反应低空风切变的本质特征及动态发展过程,并不能依气象条件的不同而变化	用作研究低空风切变对航空飞行的危害性及在飞行模拟器中考查驾驶员对低空风切变的应变能力
第二类 (工程简化模型)	建模过程简单,表现形式多样	只反映风切变场的某些本质特征,不强调真实地再现风切变的全部特征	用于分析风切变对飞机的影响特性和在模拟机中训练驾驶员时采用
第三类 (TASS 模型)	不但可以模拟真实的风切变场的情况,还可以提供其他有意义的物理量,如温度、水分和雷达反射因子,此模型还可用以揭示风切变的形成、发展的过程和原因	这种数值型的风切变模型需要将三维的空间离散成一定密度的网格点用计算机求解。为了提高风切变场的分辨能力,网格点的数据就十分多,因此需要大容量高速度的计算机,对硬件计算能力要求过高	主要用于真实模拟风切变场的情况,提供相关物理量,揭示风切变的形成、发展过程和原因;同时也可应用于飞行事故原因仿真分析

中国民航大学的韩雁飞等提出了一种利用计算流体力学方法对低空风切变进行三维建模的方法,他们根据风切变的流体动力学特性,采用计算流体力学方法模拟了风切变的三维密度场和速度场。对原始非均匀风场数据进行预处理后,根据机载天气雷达向下扫描过程,实现了低空风切变雷达回波仿真。俄罗斯气候与生态系统监测研究所的 Alexander V. Starchenko 等针对机场附近不同楼层、不同植被区域、不同下垫面异质性的建筑物对大气边界层内风场的影响,建立了一种微尺度气象模型,对机场附近大气边界层内的风场进行了详细的估算。建模结果有助于识别低空风切变对起降飞机飞行性能的影响。W. T. Cui 和 W. H. Liu 在传统的涡环理论模型的基础上,建立了三维微下击暴流模型。在模型中加入了新的阻尼系数,使得涡旋线的奇异问题得到了较好的改善。建立了多个涡环模型,以匹配微暴流实际风场的特征。通过在飞行模拟器上的应用,得到了变参数微暴流风场的响应,验证了模型的有效性,能够为飞行模拟器的设计提供重要依据。印度巴莎瑞尔大学的 Bindu Krishnan 设计了一种适用于民用航空数据的拉普拉斯正态分布混合模型。提出了非对称拉普拉斯分布的混合模型的一种有用的替代方法,即对称拉普拉斯分布的偏态形式,同时考虑了拉普拉斯正态混合方程的参数估计。

4.3.2 风切变监测与预测研究

西北工业大学的白健,针对低空风切变检测问题,提出一种基于二阶扩充 Prony 模型的算法,利用该模型对雷达回波数据进行潜分析。得到气象回波和杂波极点,并通过极点分类曲线判别出气象回波极点。再由多普勒效应关系式估计出风速;利用该模型对风切变雷达回波仿真数据进行检测,并和传统的快速傅立叶变换(FFT)法做了比较;该方法能快速有效地检测低空风切变,计算量小,避免了传统方法滤除地杂波时对气象回波完整性的影响以及频谱泄漏问题。西班牙塞维亚大学的 L. Rodriguez 等,提出了一种利用无人机系统进行风场表征和测绘的新方法。首先分析了利用无人飞行系统确定未知风场(风速和方向)参数的两种方法,将估算的风场数据拟合成威布尔概率密度函数。所得的威布尔参数用于将数据外推到有限网格中,提出了一种基于威布尔分布的外推方法。实现的外推法有两个优点:它适用于不同高度的测量,并且考虑了测量中重要的噪声成分。这一突破使得实时构建风场图成为可能,这对于准确的轨迹规划和风特征检测(如阵风、风切变或湍流)是必不可少的。上海交通大学的胡琦,利用香港国际机场多普勒激光雷达数据进行风切变预测研究,使用灰色预测、反向传播(BP)神经网络、布朗三次指数平滑、支持向量回归等 4 种算法,对 PPI 扫描数据进行风场预测,得到反映风场概况的预测风速图,使用上述 4 种算法对下滑道扫描数据进行风场预测,并提取迎头风的风廓线和风切变斜坡,进而给出风切变告警。在 MFC 框架中使用 OpenGL,仿真实现了一个风切变告警系统,该系统具有风场预测、雷达回波显示、迎头风廓线提取、风切变斜坡提取和风切变告警等功能。加州理工学院的 D. J. Hill 开发了风切变对飞机尾涡的影响模型,其中风切变是由与尾涡垂直的平面速度的简单切变来模拟的。分别采用点涡模型和涡块模型进行分析,最终得到了一套相对真实的影响模型。美国堪萨斯大学的 Chuan-Tau E. Lan 等研究无人机在风切变环境下的不稳定和非线性气动特性,采用模糊逻辑建模方法建立了不需要考虑函数关系的气动模型,通过非线性相容分析,对实测或估计的数据,如攻角和侧滑角进行过滤。在气动模型识别的概念中,将估计的气动系数建模为滤波飞行变量的隐函数,而不是参数识别。并通过研究发现环境干扰对飞机的振荡稳定性和控制衍生物有显著影响。用一种新的能量法分析并确定了在手动控制模式下显示的高度振荡运动为导频诱导振荡。并得出为了提高无人飞行器的生存能力,在飞行器的设计和地面操作人员训练中,特别是在遇到恶劣天气时,必须考虑非线性和非定常空气动力学对飞行动力学影响的结论。法国气象局的 Clotilde Augro 等设计了一种针对风切变的可靠、适当和成本效益高的"全天候"监测技术解决方案——多普勒偏振雷达与多普勒激光雷达相结合的方法,以检测、量化和预测法国一些机场存在的低水平风切变。目前该方法已经应用于世界各地多个机场,用于观察和预测风切变。Yuechao Ma 和 Sining Li 等,提出了一种利用支持向量机对激光探测和定位装置探测到的低水平风切变图像进行分类的识别方法。为了减少计算时间,避免风场反演,采用局部扫描图像代替传统的整体扫描图像。使用不变矩和灰度-梯度共生矩阵的特征提取方法,可以分别捕捉风速分布图像的 7 个特征和 15 个特征。同时,利用 K-fold 交叉验证优化参数的支持向量机进行模式识别,最后给出了识别的仿真结果。

4.3.3 风切变识别与应对方法研究

目前对抗风切变对飞行影响的研究主要分为两种:一种是通过多普勒雷达检测和预测机场风切变的发生;另一种是针对飞机提出各种控制方法以应对风切变情况。

4.3.3.1 利用多普勒雷达识别风切变

多普勒雷达,又名脉冲多普勒雷达,是一种利用多普勒效应来探测运动目标的位置和相对运动速度的雷达。1842 年,奥地利物理学家 J. C. 多普勒发现,当波源和观测者有相对运动时,观测者接受到的波的频率和波源发来的频率不同,这种现象被称为多普勒效应。波源和观测者相互接近时,接收到的频率升高;两者相互离开时,则降低。多普勒雷达就是利用这种多普勒效应制造而成的一种脉冲雷达。脉冲多普勒雷达含有距离波门电路、单边带滤波器、主波束杂波抑制电路和检测滤波器组,能较好地抑制地物干扰。脉冲多普勒雷达可用于机载预警、机载截击、机载导航、低空防御、火控、战场侦察、导弹引导、靶场测量、卫星跟踪和气象探测等方面。

世界上首个在机场安装的用于风场探测和风切变预警的激光雷达系统于 2005 年在香港国际机场启用。这个系统是由香港天文台于 2002 年在香港国际机场安装的多普勒激光雷达发展而来的,其能够在晴空的情况下探测机场区域的风场情况。

香港气象局为了探测飞机在地形引起的风切变情况下遇到的高度变化的风,为多普勒激光雷达设计了一种创新的下滑道扫描(GPScan)策略,将激光束指向进近和离开滑翔路径,方位角和仰角的变化协调一致,基于下滑道扫描策略开发的激光雷达风切变报警系统(LIWAS)能够捕获飞行员在晴空条件下最常用的进近下滑道报告的约 76% 的风切变事件。

4.3.3.2 应对抗风切变的控制方法

除了多普勒雷达检测和预测机场风切变方法外,国内外对于应用风切变情况的研究主要集中在针对飞机提出各种控制方法以应对风切变情况。

民用客机的地形感知与告警系统(TAWS)的 Mode 7 能够根据飞机当前空速、攻角、无线电高度等探测低空风切变的存在,从而提示飞行员躲避危险,避免可控飞行撞地(CFIT)的发生以确保飞行安全。达姆施塔特工业大学的 Svenja Wortmann 等提出了一种利用激光雷达辅助的俯仰前馈闭环控制补偿风切变和偏航入流的方法,通过简化的气动模型对载荷模式进行分析,其中重点是对倾斜尾流效应的合理表征,最终建立了一种新的前馈控制器补偿风切变和偏航入流,并将此控制器与其他两种不同控制器的减少疲劳载荷效果进行了比较。北京航空航天大学的罗琪楠等,针对波音 747 飞机的动力学问题,提出了一种基于符号控制的风切变飞行控制律。研究了利用符号控制有效地控制具有扰动的转向动力系统的问题,并对该方法进行了理论分析。采用符号控制器实现高度调度策略,使飞机能够避开严重的风切变。对符号控制算法进行了改进,使其能够应用于飞机控制问题。用比例积分微分控制器进行了一系列的实验对比,验证了该方法的可行性和有效性。A. Hassanpour 和 Seid H. Pourtakdoust 等,针对宽体运输机在进近着陆阶段遇到微下击暴流设计和分析了一种三维模型预测控制器。利用线性约束模型预测控制与飞机六自由度运动方程相结合,用标准优化算法求解所需的二次规划问题。通过预先调整控制和预测范围以及权重矩阵,减少了二次规划计算量,该控制器能够有效地引导和保持飞机在进近下滑道上。克拉约瓦大学的 Romulus Lungu,研究飞机在纵向着陆过程中的自动控制问题,通过 Hinf 控制、动态反演、最优观测器和两个提供飞机所需速度和高度的参考模型得到一个新的自动着陆系统,通过对一架波音 747 飞机着陆过程的数值模拟,验证了理论计算结果的正确性;模拟结果符合美国联邦航空局(FAA)对第Ⅲ类飞机的精度要求,并表明即使在存在风切变和传感器误差的情况下,该系统仍具有稳健性。同时,设计的控制律具有对传感器测量噪声和低强度风切变的抑制能力。P. Baldi 等提出了一种考虑风切变情况下飞机纵向制导与控制问题的新方法,主要对影响飞机的风切变扰动的自适应估计,以及在精确逼近过程中开发一种适合于补偿这些影响的控制方案。设计了基于非线性几何方法的 3 个自适应滤波器的模型,用于风切变扰动分量的估计。通过详细的飞行模拟器实现了 1975 年东部 066 航班在约翰·菲茨杰拉德·肯尼迪国际机场(JFK)坠毁的真实风切变条件,并进行了稳健性测试,验证了该方法的有效性。

4.4　飞行器遭遇风切变的仿真环境构建——基础环境

4.4.1　FlightGear 与 JSBSim 联合仿真

JSBSim 是一款开源的飞行动力学(FDM)软件库,能够用于飞行器的飞行力学建模和模拟。JSBSim 函数库已经被嵌入到 FlightGear 中,可在 FlightGear 中作为空气动力模型使用,也可作为独立软件使用。我们采用 JSBSim 作为单独软件的方法与 FlightGear 进行联合仿真,实现风切变失效场景仿真,这样更方便进行失效模式的注入和飞行参数的获取。图 4-2 所示为 FlightGear 和 JSBSim 的联合仿真示意图。

具体流程为首先编写 JSBSim 中的飞机自动飞行脚本,将风切变环境因素加入到脚本文件中;之后运行 JSBSim,JSBSim 同时读取飞机的配置文件和带有风切变环境因素注入的自动飞行脚本,进行仿真运算;通过用户数据报协议

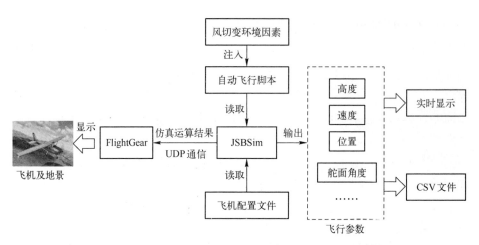

图 4-2　FlightGear 与 JSBSim 联合仿真示意图

(UDP)网络接口将仿真运算结果发送给 FlightGear,FlightGear 则根据 JSBSim 发送的数据显示飞机的飞行过程,同时显示飞行场景。除此之外 JSBSim 还能把飞机的高度、速度和位置等飞行参数实时显示出来并在仿真结束后保存为 CSV文件。

4.4.2　FlightGear 与 JSBSim 之间的通信

　　JSBSim 与 FlightGear 之间的通信主要采用 UDP 通信,UDP 用于处理网络数据包。它是一种无连接的协议,发送端的数据能否送出与发送端是否和接收端建立连接无关,具有资源消耗小和处理速度快等优点。因此可建立客户发送端和接收端,本仿真中采用 JSBSim 端通过 UDP 通信向 FlightGear 发送飞行器姿态信息,使 FlightGear 中能够根据 JSBSim 的仿真情况实时显示飞机姿态,同时保存为后期可查看的 CSV 文件。

4.4.2.1　FlightGear 端配置

　　首先打开 FlightGear 软件,在设置选项卡中输入开启 UDP 通信的命令行:

```
--native=socket,dir,hz,machine,port,style
```

　　其中,socket 表示使用 socket 通信方式;dir 表示数据输入和输出的方向,若数据是输入到 FlightGear 中,则 dir 为 in,若数据从 FlightGear 中输出,则 dir 为 out;hz 表示数据通信频率;machine 为机器名或 ip 地址(如果是服务器则为空);port 表示端口;style 表示通信方式,方式为 UDP 或 TCP,视情况而定。

FlightGear 端配置如图 4-3 所示。

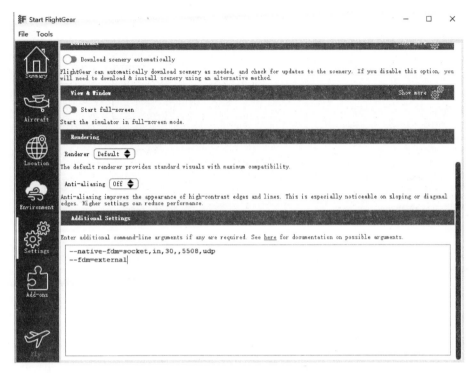

图 4-3   FlightGear 端配置图

在本示例中，JSBSim 需将模型解算结果输入到 FlightGear 中。因此 FlightGear 的命令行配置如下：

--native-fdm＝socket,in,30,,5508,udp

表示 FlightGear 从 5508 端口通过 UDP 网络通信的方式以 30Hz 的频率获取输入数据。

4.4.2.2   JSBSim 端配置

JSBSim 端的配置方式有两种：

第一种是对选定机型的 XML 文件进行修改，具体的：打开 JSBSim 目录中的 aircraft 文件夹，找到实验机型文件夹，在其目录中找到 xxx. xml 文件，其中 xxx 为机型名称；修改其中<output>标签中的内容，将"output name"修改为"localhost"，将"type"修改为"FLIGHTGEAR"，"port"修改为"5508"，"protocol"修改为"udp"，将输出端口指向 5508，即 FlightGear 的输入端口，这样就能实现由

JSBSim 到 FlightGear 的数据传递,具体配置如图 4-4 所示。

```
<output name="localhost" type="FLIGHTGEAR" port="5508" rate="30">
    <simulation> OFF </simulation>
    <atmosphere> OFF </atmosphere>
    <massprops> OFF</massprops>
    <aerosurfaces> OFF </aerosurfaces>
    <rates> OFF </rates>
    <velocities> ON </velocities>
    <forces> OFF </forces>
    <moments> OFF </moments>
    <position> OFF </position>
    <propulsion> OFF </propulsion>
    <fcs> OFF </fcs>
    <ground_reactions> OFF </ground_reactions>
    <coefficients> OFF </coefficients>
</output>
```

图 4-4   JSBSim 端配置图

表示 JSBSim 从 5508 端口通过 UDP 网络通信的方式以 30Hz 的频率向 FlightGear 发送数据。

第二种是直接利用 jsbsim-master\data_output 文件夹中的 flightgear. xml 文件,将文件中的<output>标签的配置按照第一种配置方式进行修改,指定方式、协议和端口,然后在 Visual Studio 中的解决方案管理器中右击 JSBSim,如图 4-5 所示:选择"属性",然后在"配置属性"一栏选择调试选项,在其中输入 data_output/flightgear,该操作将 JSBSim 中运行的所用机型实时飞行参数输出都指向了 FlightGear,比第一种方式要便利一些。

4.5   飞行器遭遇风切变的环境因素注入——故障建模

引起飞行器失效的原因主要有:人为因素、外界环境因素、飞行器自身因素,我们主要从外界环境因素和飞行器自身因素入手,研究飞行仿真失效。环境因素主要包括飞行器所处的大气环境、地形高度、经纬度变化和地球自转等因素对飞行器的影响。飞行器自身因素主要包括飞行器仪表失效、飞行器动力系统失效、飞行器控制系统失效、飞行器气动外形失效等。

本例中针对外界环境因素引起的飞行失效进行失效场景仿真,原理主要是在自动飞行仿真过程中加入风切变环境因素,使飞行器受到风切变干扰无法按照原设定自动驾驶,最终坠毁。

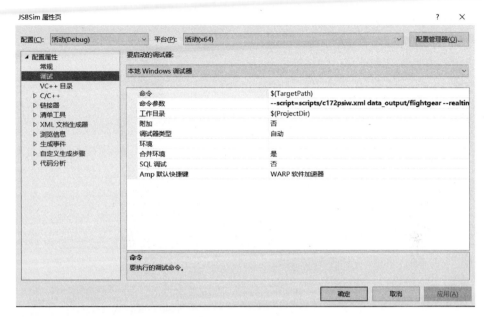

图 4-5　JSBSim 属性页

4.5.1　自动飞行脚本

要实现飞行失效场景仿真,首先要实现飞机的自动飞行过程,让飞机能够按照预定计划飞行,在飞机执行飞行计划过程中,注入失效模式,从而观察飞机的实时响应。

jsbsim-master\Script 文件夹中给出了 JSBSim 的各种飞行脚本,包括各种型号的飞机和不同的飞行任务,对于我们编写自动飞行脚本具有指导意义,以下将通过该文件夹中的一个名为 c1723. xml 的脚本对自动飞行脚本进行具体的解析:

首先在该脚本中可以找到<use>标签和<run>标签,如图 4-6 所示。

```
<use aircraft="c172x" initialize="reset00"/>
<run start="0.0" end="200" dt="0.00833333333333333333">
```

图 4-6　<use>标签和<run>标签内容图

<use>标签中的 aircraft = "c172x"指定了要使用的飞行器名称为 c172x, JSB-Sim 将会加载在工程目录下 aircraft\c172x\c172x. xml 飞行器定义文件建立飞行器的模型,initialize = "reset00"指定了初始化文件名为 reset00, JSBSim 将会加载

和 c172x. xml 同目录下的 reset00. xml 来执行对飞行器状态的初始化设置。而在标签<run>中,start 和 end 分别指定了仿真开始和结束的时间,为 0 ~ 200s,dt = "0.008333333333333333333" 代表仿真的步长为 0.00833333333333333333333s,也就是说我们的仿真迭代计算频率为 120Hz。

在<run>标签之内包含着事件<event>标签,其中每一个<event>标签代表着仿真运行过程中要执行的一个事件,这个事件会在特定的条件下触发执行对应的操作并且显示对应的信息。<event name = " engine start " >就代表了一个启动发动机的事件。其中<description>标签会显示该事件的描述;<condition>标签代表了事件触发的条件;"simulation/sim-time-sec >= 0.25" 意味着该事件会在仿真时间大于 0.25s 时触发;而一系列的<set>标签则会设置相应的属性变量,完成事件的操作;<notify>标签中包含着事件触发时会打印的变量,用于显示信息;<event>标签内容如图 4-7 所示。

```
<event name="engine start">
  <description>Start the engine and set roll control to heading hold</description>
  <condition> simulation/sim-time-sec >= 0.25 </condition>
  <set name="fcs/throttle-cmd-norm"  value="1.0" action="FG_RAMP" tc ="0.5"/>
  <set name="propulsion/magneto_cmd" value="&both;"/>
  <set name="propulsion/starter_cmd" value="&on;"/>
  <set name="ap/roll-attitude-mode"  value="&rollAngleHold;"/>
  <set name="ap/autopilot-roll-on"   value="&on;"/>
  <notify>
    <property caption="Sim Run ID: ">simulation/run_id</property>
    <property>ap/hdg-roll-err-c1</property>
    <property>accelerations/a-pilot-x-ft_sec2</property>
    <property>accelerations/a-pilot-y-ft_sec2</property>
    <property>accelerations/a-pilot-z-ft_sec2</property>
    <property>accelerations/n-pilot-x-norm</property>
    <property>accelerations/n-pilot-y-norm</property>
    <property>accelerations/n-pilot-z-norm</property>
    <property>accelerations/Nz</property>
    <property>accelerations/pdot-rad_sec2</property>
    <property>accelerations/qdot-rad_sec2</property>
    <property>accelerations/rdot-rad_sec2</property>
    <property>accelerations/udot-ft_sec2</property>
    <property>accelerations/vdot-ft_sec2</property>
```

图 4-7 <event>标签内容图

本例中的飞行脚本事件主要包括:发动机启动事件、滑跑起飞事件和自动驾驶爬升事件;其中发动机启动事件是在脚本执行的 0.25s 时触发的,主要包括油门开启、磁电机启动、打火等操作;滑跑起飞事件是在脚本执行的第 3s 执行的,主要包括刹车接触、襟翼放下和升降舵上移等操作;自动驾驶爬升事件则在飞机速度大于 51kn 时触发,主要包括设定自动驾驶的目标高度和高度保持等操作。这 3 个事件组成一个相对完整的从起飞到自动驾驶的飞行过程。

4.5.2 风切变环境因素注入配置

JSBSim 中与大气有关的属性,都在 atmosphere 属性中,因此只需对 atmosphere 属性中对应风的属性进行修改,就可以得到想要的风切变环境,用以测试飞机在风切变环境中的响应。

具体操作为:在飞行器自动飞行脚本中加入风切变事件,事件在自动驾驶爬升事件发生后加入,风切变事件主要包括垂直方向和水平方向的风速变化,两个方向的风速均可以设置上限值和变化速率,并可以设置湍流、阵风或强风等各种不同形式的风,从而探索大气环境变化对于飞行器飞行造成的影响,本例中将模拟风在水平和垂直方向的速度变化,我们的具体配置如下:

```
<event name="wind speed buildup">
<condition>simulation/sim-time-sec ge 1.0</condition>
<set name="atmosphere/wind-east-fps" action="FG_RAMP value="200.0" tc="10.0"/>
<set name="atmosphere/wind-down-fps" action="FG_RAMP value="200.0" tc="10.0"/>
</event>
```

其中 wind-east-fps 表示风是从东方吹来,wind-down-fps 表示风是从下方吹来,value 代表风速最终大小,tc 表示风速变化速率。

加入失效事件后只需要在 JSBSim 中运行编写好的脚本,运行 script = scripts/xxx 命令,其中 scripts 为脚本文件所在文件夹,xxx 为脚本文件名称,JSBSim 允许脚本按照批处理的方式运行,大大加快了脚本运行速度,主要用于同时执行大量的飞行脚本,以较短的事件获取仿真数据;若想让仿真按照真实世界的时间运行,则需要在 JSBSim 的脚本运行命令前加"realtime"命令,使仿真按照正常速度执行。

运行开始后 JSBSim 将仿真计算结果实时发送给 FlightGear,FlightGear 将数据体现在模拟飞行器对应的运动上,实现模拟飞行的可视化。

4.6 飞行器遭遇风切变的失效场景仿真——具体仿真

4.6.1 面向风切变的飞行失效场景仿真步骤

(1) 首先打开 FlightGear,选择要进行失效仿真的对应机型,机型可以从官网下载,然后将压缩文件解压到 FlightGear/data/aircraft 文件中, 即可在

FlightGear 的机型页面看到对应机型。

（2）打开 FlightGear 设置界面，输入命令行：

```
--native-fdm=socket,in,30,,5508,udp
--fdm=external
```

第一行指定了通信方式为 UDP 网络通信，并使用 5508 端口作为输入端以 30Hz 的速率输入进 FlightGear；第二行指定空气动力模型（FDM）为外界模型，这样就建立起 FlightGear 与 JSBSim 之间的通信连接。

（3）点击 FlightGear 的"Fly！按钮"进入 FlightGear 仿真场景，初始界面为所选机型和机场。

（4）编写 JSBSim 带风切变影响的自动飞行脚本 xxx. xml，将其放入 JSBSim/scripts 脚本文件夹中。

（5）进入 JSBSim/aircraft 中与 FlightGear 所选机型相同的机型文件夹，打开对应机型的 XML 文件，在其中加入输出配置，使输出端口指向 FlightGear。

（6）打开系统命令执行程序，指定 JSBSim 路径，运行 JSBSim，输入命令行：

```
<path>\JSBSim. exe
--realtime
data_output/flightgear. xml
--script=scripts/xxx
```

命令行中第一行为运行 JSBSim 的指令，其中<path>表示 JSBSim 所在的路径；第二行--realtime 表示以正常速度运行飞行仿真脚本；第三行表示 JSBSim 输出配置文件的路径，JSBSim 运行时按照配置文件 flightgear. xml 中的格式输出到 FlightGear 中，从而实现场景仿真；第三行为读取飞行脚本指令，其中 scripts 为脚本所在文件夹，xxx 为脚本文件名称，其格式为 XML 格式。

（7）随着 JSBSim 的运行，可以看到 FlightGear 中视景仿真的开始，系统命令执行程序界面显示实时飞行参数，而记录完整飞行过程的 CSV 文件则保存在 JSBSim 文件夹中。

4.6.2　面向风切变的飞行失效场景仿真结果

风切变失效场景仿真主要经历飞机按照配置文件正常飞行、飞行过程中受到风切变影响失效和坠毁 3 个过程,图 4-8、图 4-9 和图 4-10 所示分别为飞机正常飞行、飞行过程中受到风切变影响失效和坠毁的 FlightGear 仿真截图。

图 4-8　飞机正常飞行仿真图

图 4-9　飞行过程中受到风切变影响失效仿真图

图 4-10　飞机坠毁仿真图

4.6.3　飞行参数的获取与处理

仿真过程的飞行实时参数,主要包括空速、地速、高度、经纬度、舵面位置和载荷等信息,这里我们关注的是飞机受风切变影响而改变的飞行参数,因此在本示例中主要输出飞机的高度和速度信息。飞行参数的输出主要有两种方式:一种是实时显示,另一种是存储为 CSV 格式的文件。

实时显示首先需要在自动飞行脚本中加入"时间通知(time notify)"事件,再在事件标签中设置每隔多长时间显示飞行参数一次,以及设置想要显示的飞行参数;在<notify>标签中加入想要显示的信息所对应的属性名称,即可实现飞行仿真过程中每隔一段时间的飞行参数实时显示,贯穿从仿真开始到结束的整个过程。

另外还可以采用在每个事件中加入<notify>标签来实现,在 JSBSim 示例中,采用了 KML 格式来实时显示飞机的纬度、经度、空速和航路点间的距离等信息。

```
<event name = "Time Notify" persistent = "true" >
    <description>Output message at 5 second intervals</description>
    <notify>
```

```
                <property>velocities/vc-kts</property>
                <property> position/h-agl-ft </property>
                <property> atmosphere/wind-down-fps </property>
                <property>attitude/phi-rad</property>
                <property>attitude/theta-rad</property>
                <property>attitude/psi-rad</property>
        </notify>
        <condition> simulation/sim-time-sec >=
    simulation/notify-time-trigger </condition>
        <set name="simulation/notify-time-trigger"
    value="60" type="FG_DELTA"/>
        </event>
```

而存储为 CSV 文件则需要在自动飞行脚本中加入"输出(output)"事件,在该标签下注明输出文件的名称、格式以及要输出的属性信息,即可输出 CSV 格式的文件,如下列代码所示,在"output name"中输入输出文件的名称,"type"为输出文件格式,"rate"为输出速率,unitconversions. xml 文件为单位转换标准文件。标签内包含的则为一些要输出的具体的飞行属性,在本例中输出的飞行属性信息主要有飞机的高度、速度和风速等信息。

```
<output name="autopilot. csv" type="CSV" rate="10" file="unitconversions. xml">
<property> position/h-agl-ft </property>
<property> velocities/vt-fps </property>
    <property> atmosphere/wind-down-fps </property>
<property>attitude/phi-rad</property>
<property>attitude/theta-rad</property>
<property>attitude/psi-rad</property>
<property> position/distance-from-start-lon-mt </property>
<property> position/distance-from-start-lat-mt </property>
<property> position/distance-from-start-mag-mt </property>
</output>
```

利用 MATLAB 中的绘图工具,可以获得受风切变影响前后飞行器的高度、速度以及风速随时间变化的曲线。

首先,在 MATLAB 中点击导入数据按钮,选取 JSBSim 生成的 CSV 文件,将数据导入到 MATLAB;之后在命令行输入命令 plot(X1,Y1,X2,Y2,…,Xn,Yn),其中 X 为横坐标数据,Y 为纵坐标数据,按回车键,即可生成所需曲线;最后点击编辑按钮,即可进行添加坐标名称、改变曲线颜色、插入图例等操作。图 4-11、图 4-12、图 4-13 和图 4-14 所示为利用 MATLAB 生成曲线图的详细步骤。

图 4-11　利用 MATLAB 导入数据

	A	B	C	D	E	F	G	H	I	J	K	L	M	N
	Time	fdmjsbsim	fdmjsbsim	fdmjsbsim	fdmjsbsim	fdmjsbsim	fdmjsbsim	fdmjsbsim	fdmjsbsim	fdmjsbsim	fdmjsbsim	fdmjsbsim	fdmjsbsim	fdmjsbsim
	数值	数值	数值	数值	数值	数值	数值	数值	数值	数值	数值	数值	数值	数值
1	Time	/fdm/jsbsi..	/fdm/jsbsi..	/fdm/jsbsi..	/fdm/jsbsi..	/fdm/jsbsi..	/fdm/jsbsi..	/fdm/jsbsi..	/fdm/jsbsi..	/fdm/jsbsi..	/fdm/jsbsi..	/fdm/jsbsi..	/fdm/jsbsi..	/fdm/jsbsi..
2	0	0.0020000..	0.1145915..	0	0.0020000..	0	0	0	0	0	0	0	0	0
3	0.1	0.0020000..	0.1145915..	0	0.0020000..	0	0	0	0	0	0	0	0	0
4	0.2	0.0020000..	0.1145915..	0	0.0020000..	0	0	0	0	0	0	0	0	0
5	0.3	0.0020000..	0.1145915..	0	0.0020000..	0	0	-0.078500..	-4.497718..	0	0.0785000..	0.0785000..	4.4977186.	
6	0.4	0.0020000..	0.1145915..	0	0.0020000..	0	0	-0.148296..	-8.496755..	0	0.1482963..	0.1112222..	6.3725668.	
7	0.5	0.0020000..	0.1145915..	0	0.0020000..	0	0	-0.138541..	-7.937870..	0	0.1385419..	0.1039064..	5.9534025.	
8	0.6	0.0020000..	0.1145915..	0	0.0020000..	0	0	-0.112845..	-6.465580..	0	0.1128456..	0.0846342..	4.8491853.	
9	0.7	0.0020000..	0.1145915..	0	0.0020000..	0	0	-0.098937..	-5.668703..	0	0.0989375..	0.0742031..	4.2515271.	
10	0.8	0.0020000..	0.1145915..	0	0.0020000..	0	0	-0.102671..	-5.882629..	0	0.1026712..	0.0770034..	4.4119722.	
11	0.9	0.0020000..	0.1145915..	0	0.0020000..	0	0	-0.117676..	-6.742385..	0	0.1176768..	0.0882576..	5.0567889.	
12	1	0.0020000..	0.1145915..	0	0.0020000..	0	0	-0.133218..	-7.632838..	0	0.1332181..	0.0999136..	5.7246290.	
13	1.1	0.0020000..	0.1145915..	0	0.0020000..	0	0	-0.141961..	-8.133778..	0	0.1419612..	0.1064709..	6.1003338.	
14	1.2	0.0020000..	0.1145915..	0	0.0020000..	0	0	-0.141987..	-8.135303..	0	0.1419878..	0.1064908..	6.1014776.	
15	1.3	0.0020000..	0.1145915..	0	0.0020000..	0	0	-0.135440..	-7.760167..	0	0.1354440..	0.1015803..	5.8201254.	
16	1.4	0.0020000..	0.1145915..	0	0.0020000..	0	0	-0.126583..	-7.252695..	0	0.1265834..	0.0949375..	5.4395218.	

图 4-12　导入 MATLAB 中的数据

　　利用 MATLAB 中的绘图工具最终获得的高度、速度以及风速随时间变化的曲线如图 4-15 所示,从图中可以看出风速从 50s 开始的 0fps[1fps(英尺每秒)=0.3048m/s]逐渐增大到 60s 的 200fps,飞机高度也从 50s 开始急剧下降,可见风切变使飞机迎角变大,飞机失速,稳定性变差,最终坠毁。

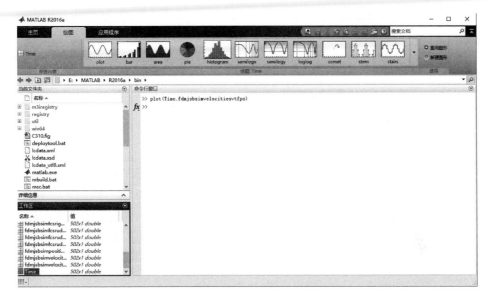

图 4-13　在 MATLAB 中输入命令行

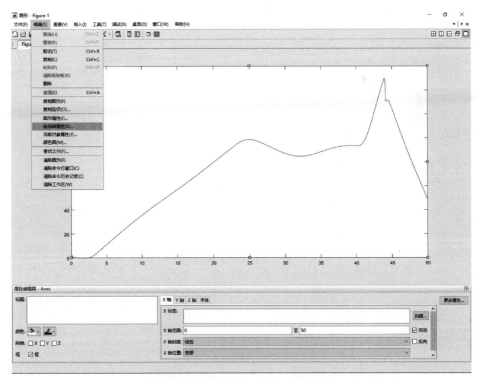

图 4-14　利用 MATLAB 生成曲线图

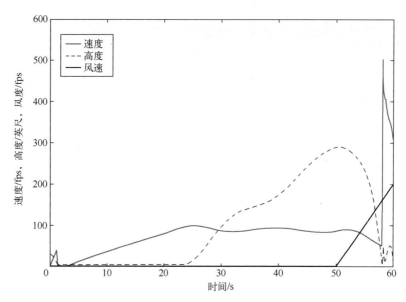

图4-15 受风切变影响前后飞行器的高度、速度以及风速随时间变化的曲线
(1英尺=0.3048m)

4.7 不同飞行器模型抵御风切变能力对比

不同飞行器模型对于同一风切变类型的抵抗能力是不同的,本书分别对C172、C310和Short Empires(the S.23)3种飞行器模型进行风切变失效场景仿真,其中风切变类型为微下击暴流。

对于风切变环境因素的注入方法主要是在JSBSim中加入风切变事件,产生垂直向下的风切变,模拟微下击暴流。同时编写C172、C310和Short Empires(the S.23)3种飞行器模型的自动飞行脚本,在飞机开车50s后开始注入微下击暴流模拟环境,输出飞机的高度和速度飞行参数,以及不同时间的风速,观察不同飞行器模型对于微下击暴流的响应曲线,进行对比分析,如图4-15~图4-17所示。

通过对比3张图可以看出,基于FlightGear和JSBSim可以针对不同的机型进行风切变飞行失效场景仿真,同一风切变环境对于不同飞行器模型的影响是不同的,其中C310飞机较其他两种飞机具有较好的抗风切变性能,主要原因可能与采用双活塞式发动机、翼尖油箱并用发动机尾气来增加推力等设计因素有关。对微下击暴流进行分析可以得出,微下击暴流会使飞机在起飞过程中失速,使升力骤然下降,飞机高度急剧下降,严重威胁飞行安全,若不及时采取正确的改出措施则有可能对飞行安全产生巨大影响。

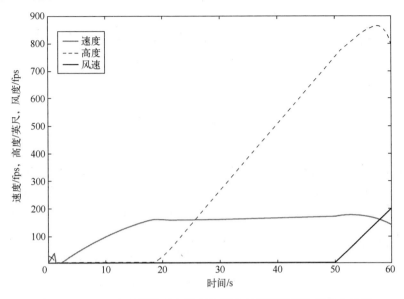

图 4-16　C310 飞行器模型在微下击暴流环境下模拟飞行响应曲线

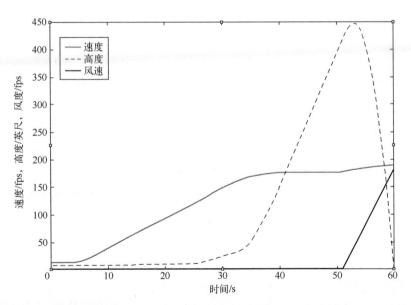

图 4-17　Short Empires(the S.23)飞行器模型在微下击暴流环境下模拟飞行响应曲线

第5章　发动机空中停车场景仿真

5.1　空中停车

空中停车是一般的航空用词之一,顾名思义是指飞机发动机在起飞之后、落地之前在空中运行时,由于机械故障、电子系统故障、飞行操作失误、外来物影响(鸟击)等原因引起的发动机停止工作;发动机设计的缺陷,会导致发动机喘振,从而引起的空中停车,也是常见的问题。

单发失效,也称"单发",指双引擎飞机发生了某些特殊状况从而引起了其中一台发动机发生故障,致使飞机只剩一台引擎飞行的特殊情况。对于飞机来说,"单发"状态下飞行并安全着陆并不是件容易的事情,如果处置不当加上天气恶劣,极可能产生不良后果。民用客机通常都有两台或两台以上的发动机。在设计时,就已考虑到万一发生了发动机空中停车,即使只有一台发动机工作,飞机仍能有足够的动力保持一定的飞行高度和速度,飞往附近的机场备降,实施安全的落地。

发动机停车常见的原因有以下三点:

(1) 人为因素:飞行、机务或者其他专业人员在对发动机进行操作、维修、加油等工作时,由于人为的原因导致发动机故障或者缺油而导致空中停车。

(2) 发动机性能原因:由于发动机本身某个部件出现故障而导致发动机出现超温、超压、喘振等严重故障,而不得不空中停车。

(3) 外来物原因:在起飞、飞行或降落的过程中,发动机不慎吸入鸟类、冰雹等杂物,损害了发动机而不得不停止运行。

单发失效的影响主要有:

(1) 对飞机阻力的影响:当飞机的一台发动机失效后,飞行在空中的飞机的阻力系数就要增大。一部分是失效的发动机自身阻力,另一部分是偏航阻力。

(2) 对飞机的推力减小:飞机的推力因一台发动机失效,会减小一大半,最多可以达到80%。

(3) 飞机爬升性能减弱:由于发动机单发失效,提供飞机爬升所需的拉力不足,增加额外的耗油量。

(4)飞机巡航性能变差:飞机巡航所需要的拉力由于单发失效而不足,巡航平飞最大速度减小,达不到巡航所需要的拉力。

(5)飞行员操纵难度增大:会造成飞机双侧拉力不对称,这种不对称的拉力如果不进行相应的操作,就会使飞机产生严重的偏转和坡度,甚至会机毁人亡。所以飞行员必须要阻止不对称拉力对于飞机的影响,并且控制飞机继续飞行,其操作难度十分大。

5.2 空中停车引发的事故

2009 年 1 月 15 日,全美航空公司的一架从纽约飞往北卡罗来纳州的空客 320-214 客机,飞机起飞爬升过程中遭加拿大黑雁的撞击,最终导致两台发动机同时熄火,飞机失去全部动力。在多次尝试恢复飞机动力装置失败后,机长切斯利·B. 萨伦伯格(Chelsey B. Sullenberger)果断处置,凭借高超的驾驶技巧和过人的心理素质,令该航班成功迫降纽约哈德逊河(Hudson River),机上 150 名乘客以及 5 名机组人员全部获救。萨伦伯格机长被誉为英雄,而此次迫降事件亦被人们称为"哈德逊河上的奇迹"。

2014 年 8 月 10 日,一架伊朗塞伯汉航空公司的伊朗-140-100 客机,执行从伊朗德黑兰梅赫拉巴德机场飞往塔巴斯的航班,机上载有 42 名乘客和 6 名机组人员。飞机从德黑兰梅赫拉巴德机场起飞后开始掉高度,最终坠毁在在跑道尽头西北方向的居民区。34 名乘客和全部 6 名机组人员由于坠机事故死亡,8 名乘客重伤幸存,地面上没有人员伤亡。伊朗民航组织(CAO)公布的调查报告显示坠机事故的原因为相关的环境、技术和人为因素共同作用导致单发失效的结果。

从以上事故可以看出,空中停车会令飞机失去部分或全部动力,从而对飞行安全造成巨大威胁,同时机组人员在空中停车后的应对措施也直接影响了事故的严重程度。本章我们通过配置 JSBSim 脚本的方式,令仿真飞机在 JSBSim 运行的某一时刻产生发动机故障,包括燃油调节及控制系统故障、磁电机故障等多个维度的故障,使仿真飞机失去部分或全部动力,利用 JSBSim 的输出端口获取仿真飞机空中停车时不采取人为补救措施的实时飞行参数,追踪其运动轨迹和速度变化,同时使用 FlightGear 飞行模拟软件对该过程进行实时可视化显示,可以更为直观地观察到仿真飞机的实时飞行状态,为飞行事故模拟分析及飞行突发状况应对训练提供新的思路。

5.3　空中停车相关的国内外研究现状

5.3.1　面向空中停车的仿真建模

上海飞机设计研究院的欧阳一方利用 MATLAB 求解矩阵算法的功能,将建立的飞行器动力学方程和飞机运动学方程等六自由度运动方程在 MATLAB 平台上进行求解,确定仿真方法,研究了飞机在单发失效的情况下非对称动力时的操稳特性,并总结了其飞行品质的验证方法,具有一定的工程设计指导作用。北京航空工程技术研究中心的张旭东和北京航空航天大学的李永涛建立了双发无人机单发失效时的动力学模型,分析了飞行动力学特性与建模,为了保证无人机的飞行安全及任务完成性,采用方向舵补偿的方式改善飞行器的操纵稳定特性,并以某型无人机为例,在 Simulink 中搭建了仿真系统进行仿真验证。

5.3.2　针对空中停车的故障分析

陈慧杰为解决某型无人机空中停车问题,建立了空中停车故障树,通过对微型涡喷发动机空中停车故障的分析,给出了故障分析和定位的过程,提出相应的改进措施。为了开发和测试预测算法,美国电气电子工程师学会会员 Abhinav Saxena 和 Kai Goebel 等,研究了在飞机发动机模型中建立损伤传播模型,通过热动力学仿真模拟器 C-MAPSS 生成传感器响应数据,从随机选择的初始退化设定值开始,对每个数据集施加流量和效率损失的指数变化率,流量和效率损失的变化率表示一个未指定的故障,其影响日益恶化。断层的变化率限制在一个较高的阈值范围内,否则将随机选择。允许损伤继续传播直到破坏准则为止。将健康指数定义为任何时刻多个重叠操作裕度的最小值,当健康指数为零时达到故障判据。该模型的输出是通常可从飞机燃气轮机发动机获得的热感测量的时间序列。

5.3.3　空中停车的应对措施研究

李大伟等针对传统概率风险评估方法的不足,将贝叶斯网络用于航空系统概率风险评估,以单发空中停车故障为例进行风险评估,仿真结果表明,与传统方法相比,贝叶斯网络具有简化计算、能得到更多安全相关信息等优点,通过定量评估飞行安全,提出了改进系统的建议和有针对性的事故预防措施。为了防止无人机空中停车威胁地面安全和造成无人机损坏,南京航空航天大学的黄开研究并设计了应急返场着陆飞行的控制策略,通过综合仿真试验,模拟无人机巡航过程中发动机停车失效,对所设计的应急着陆控制策略进行了验证。为预防和减少飞机突发性故障的发生,西北工业大学的王仲生等,提出了一种基于状态信息和敏感参数的飞机突发性故障监测方案,并对其实现方法进行了研究。同时,以某型航空发动机在飞行中停车为例进行了仿真。结果表明,只有及时获取飞机的突发故障信息并采取相应的措施,才能有效地预防或减少飞机的突发故障。荷兰代尔夫特理工大学的 K. Brinkman 和 H. Visser,针对单引擎飞机在爬升过程中发动机故障后的最佳返航操纵进行了研究,在这个过程中用质点模型描述了 F-16 单引擎战斗机的动力学特性,将回程着陆问题转化为最优控制问题,并采用配置直接优化技术和非线性规划方法对其进行数值求解,确定最优控制和相应的飞行路径。

5.4　多维空中停车故障注入——故障建模

抛开外来因素不讲,造成航空活塞发动机空中停车的原因主要有两大类:机械原因和人为原因。机械原因包括进排气系统故障、滑油系统故障、运动组件故障、燃油调节及控制系统故障、冷却系统故障、点火系统故障等;人为原因包括机务维修系统原因和机组原因。机务维修系统原因是由于机务维修系统维护保障不到位,出现维修质量问题,从而影响飞行安全。机组原因基本都是由于飞行员操作不当引起的。飞行员由于各种原因导致的误判或者粗心意外导致的错误操作等,均可以看作是飞行员的操作不当。操作不当有可能会导致发动机震动、超温、贫富油甚至不供油等故障出现,进而导致发动机空中停车。

本例中针对发动机空中停车进行失效场景仿真,原理主要是在自动飞行仿真过程中加入发动机故障,使飞行器在空中失去全部或部分动力,观察发动机出现不同故障时飞行器的响应,获取飞行数据,从而为应对不同的发动机空中停车状况提供参考。

JSBSim 中与发动机相关的属性,都在飞行控制系统(FCS)、推进装置(propulsion)等属性中,其中飞行控制系统属性主要用于控制发动机油门和油气混合比例,可以用于模拟燃油调节及控制系统故障,推进装置属性用于控制点火和磁电机启动,可以用于模拟点火系统中的电嘴故障和磁电机故障等。

具体操作为:在飞行器自动飞行脚本中加入发动机故障事件,事件在自动驾驶爬升事件发生后加入,分别设置飞行控制系统和推进装置属性,从而产生不同的发动机故障类型,探索不同发动机故障类型对于飞行器飞行造成的影响,具体配置如下所示:

```
<event name="engine failure1">
    <condition>simulation/sim-time-sec >=45</condition>
    <set name="fcs/throttle-cmd-norm" value="0"/>
    <set name="propulsion/magneto_cmd" value="3.0;"/>
</event>
```

其中第一行代码表示事件名称,第二行规定了事件的触发时间,第三行表示油门指令,第四行表示磁电机指令。以上代码中将油门设置为"0",即关闭油门,磁电机设置为"3.0",正常运行,模拟油门故障不工作的状态。

```
<event name="engine failure2">
    <condition>simulation/sim-time-sec >=45</condition>
    <set name="fcs/throttle-cmd-norm" value="1"/>
    <set name="propulsion/magneto_cmd" value="0;"/>
</event>
```

以上代码将磁电机设置为"0",即关闭磁电机,油门量正常,设为"1",模拟发动机磁电机故障状态。

5.5 空中停车场景仿真——具体仿真

5.5.1 发动机故障的飞行失效场景仿真步骤

(1) 首先打开 FlightGear,选择要进行失效仿真的对应机型,机型可以从官网下载,然后将压缩文件解压到 FlightGear/data/aircraft 文件中,即可在 FlightGear 的机型页面看到对应机型;

(2) 打开 FlightGear 设置界面,输入命令行:

```
--native-fdm=socket,in,30,,5508,udp
--fdm=external
```

(3) 点击 FlightGear 的"Fly! 按钮"进入 FlightGear 仿真场景,初始界面为所选机型和机场;

（4）编写 JSBSim 带空中停车故障的自动飞行脚本 xxx. xml，将其放入 JSB-Sim/scripts 脚本文件夹中；

（5）进入 JSBSim/aircraft 中与 FlightGear 所选机型相同的机型文件夹，打开对应机型的 XML 文件，在其中加入输出配置，使输出端口指向 FlightGear；

（6）打开系统命令执行程序，指定 JSBSim 路径，运行 JSBSim，输入命令行：

```
<path>\JSBSim. exe
--realtime
    data_output/flightgear. xml
--script=scripts/xxx
```

（7）随着 JSBSim 的运行，可以看到 FlightGear 中视景仿真的开始，系统命令执行程序界面显示实时飞行参数，而记录完整飞行过程的 CSV 文件则保存在 JSBSim 文件夹中。

5.5.2 发动机故障仿真结果

空中停车场景仿真主要经历飞机按照配置文件正常飞行、飞行过程中空中停车和坠毁 3 个过程，图 5-1、图 5-2 和图 5-3 所示分别为飞机正常飞行、飞行过程中空中停车和坠毁的 FlightGear 仿真截图。

图 5-1　C172 飞机正常飞行的 FlightGear 的仿真图

图 5-2　C172 飞机空中停车的 FlightGear 的仿真图

图 5-3　C172 飞机坠毁的 FlightGear 的仿真图

5.5.3　发动机故障仿真飞行参数的获取和处理

　　利用与前一章介绍的同样方法,可以获得飞行参数的输出文件,通常保存为 CSV 文件,在空中停车仿真模拟中我们关注的主要飞行参数有高度、速度、油门位置和发动机推力等。

利用 MATLAB 中的绘图工具,可以获得空中停车前后飞行器的高度、速度、油门位置随时间变化的曲线。

如图 5-4 所示,即为 C172 飞机起飞后空中停车的 JSBSim 仿真曲线,仿真时间为 85s,发动机在 45s 时停车,停车后未采取任何改出措施,只有原设定自动驾驶起作用,保持飞行器平衡。其中曲线 1 为飞行器高度随时间变化曲线,可见空中停车后,飞机失去动力,高度逐渐降低,而此时因自动驾驶仍在起作用,飞机没有直接坠向地面,而是逐渐滑翔至地面;曲线 2 为飞行器速度随时间变化曲线,可见空中停车后,由于飞机处于滑翔状态,所以速度没有太大变化;曲线 3 为发动机油门位置随时间变化,在 45s 时,油门位置由"1"变为"0",油门关闭。

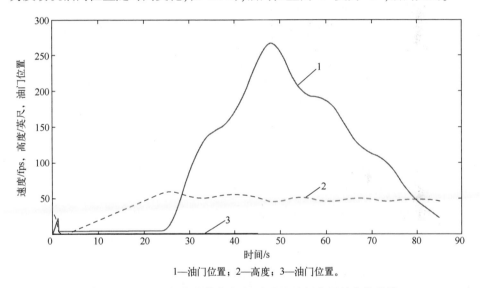

1—油门位置;2—高度;3—油门位置。

图 5-4　C172 飞机空中停车高度、速度和油门位置的变化曲线

5.6　发动机单发失效场景仿真

采取翼吊设计的双发民航客机,一台发动机发生故障,无法正常提供推力,简称空中"单发失效"。单发失效后,停车涡轮发动机会产生风车阻力,加上机翼一侧没有动力,飞机机翼的推力平衡被打破,飞机会向发动机失效的一侧偏转,从而导致飞机向内侧产生坡度。如果不采取行动,飞机会发生偏转和滚转。

除模拟单发飞机的空中停车外,还可模拟双发飞机的单发停车;接下来将以波音 737 飞机为例,模拟飞机在海拔 3000 英尺的高空巡航时一侧空中停车,飞机失去一侧动力,在没有任何人为改出的情况下坠向地面的过程。

整个过程的配置文件包括波音 737 机型配置文件、初始配置文件、飞行过程文件,其中机型配置文件主要包括机型的一些系统定义,初始配置文件主要包括飞机的初始经度、纬度、航向和高度等初始信息,飞行过程文件则包括飞机的引擎发动、空中姿态调整和发动机单发失效等对飞机进行具体操作的动作指令信息。

其中,发动机单发失效的指令如下所示,对于双发飞机,只需在 fcs/throttle-cmd-norm 指令后加入序号[0],即可让左发动机失效,同理,若想使右发动机失效,只需将序号改为[1]即可。

```
<event name="set engine stop">
    <condition>simulation/sim-time-sec ge10</condition>
    <set name="fcs/throttle-cmd-norm[0]" value="0"/>
</event>
```

运行以上单发失效指令,即可得到飞机失去单发动力后,飞机会向发动机失效的一侧偏转,从而导致飞机向内侧产生倾斜,并不断地掉高度,最终坠向地面。

通过运行 JSBSim 和 FlightGear 可以获得如图 5-5~图 5-7 所示的波音 737 飞机正常飞行、空中单发停车和坠毁的 FlightGear 仿真图。

图 5-5　波音 737 飞机正常飞行的 FlightGear 仿真图

图 5-6　波音 737 飞机单发停车的 FlightGear 仿真图

图 5-7　波音 737 飞机坠毁的 FlightGear 仿真图

将 JSBSim 输出的 CSV 文件导入 MATLAB,得到图 5-8 至图 5-11 所示曲线。

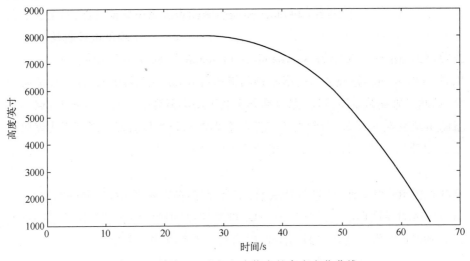

图 5-8　波音 737 飞机空中停车的高度变化曲线

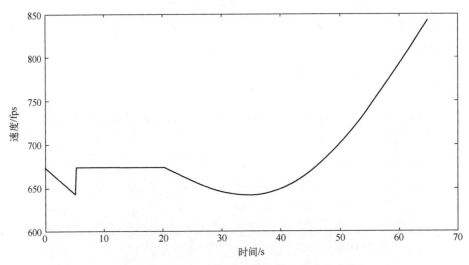

图 5-9　波音 737 飞机空中停车的速度变化曲线

由图 5-5~图 5-7 可见,波音 737 飞机的引擎在 5s 时启动,初始巡航高度为 8000 英尺,在 20s 时,飞机左侧发动机失效,左侧发动机推力降为 0,同时因飞机失去一侧推力,相应的升力减小,飞机飞行高度开始降低,飞行速度也随之降低,速度降低至临界点时,由于飞机无法维持平飞姿态,开始加速向下俯冲,因此速度开始逐渐增加,右侧发动机推力也受波及。

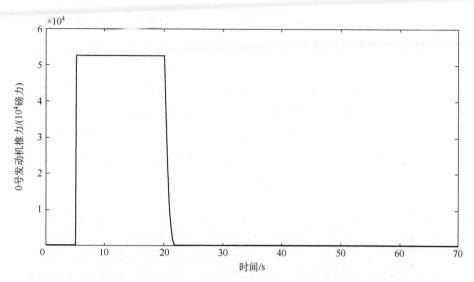

图 5-10　波音 737 飞机空中停车的 0 号发动机推力变化曲线（1 磅力＝4.448N）

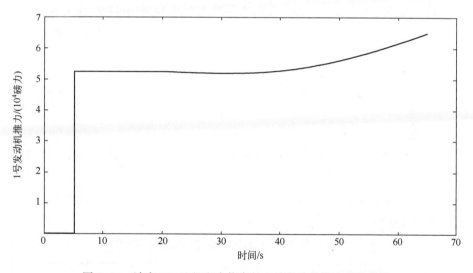

图 5-11　波音 737 飞机空中停车的 1 号发动机推力变化曲线

第6章 飞行控制系统失效场景仿真

6.1 飞行控制系统

飞行控制系统通常是通过操纵飞机的各舵面和调整片实现飞机绕纵轴、横轴和立轴旋转,以完成对飞机的飞行状态控制。

飞行控制系统环节主要包括(表 6-1):

- 中央操纵机构→传动机构→驱动机构
- 产生操纵指令→传递操纵指令→驱动舵面运动

表 6-1　飞机操纵系统

中央操纵机构	→	传动机构	→	驱动机构	→	舵面	
手操纵机构		机械传动		人力驱动		主控制	副翼
							升降舵
	→	电传操纵	→	液压助力	→		方向舵
						辅助控制	襟翼、缝翼
脚操纵机构							扰流板
		光传操纵		电动助力			安定面

6.2 飞行控制系统失效导致的事故

2000 年 1 月 31 日,阿拉斯加航空的一架麦道 83 飞机从巴亚尔塔港前往旧金山国际机场,由于事故发生前航空公司对水平尾翼配平系统的起重螺母和螺杆的润滑不足导致在飞行过程中螺母脱落,使水平尾翼在气流的影响下无法正常偏转,造成飞机失去了俯仰控制。在飞机起飞约 2h 后,机组人员发现水平尾翼的卡塞问题,在多次尝试夺回飞机控制权未果后,飞机急速下坠撞击海面后坠毁,机上 88 人无一幸存。

2003 年 1 月 8 日,一架美国中西航空的比奇 1900D 客机(5481 号航班)于夏洛特道格拉斯机场起飞后,机头突然急剧上仰,不久即坠毁在机场内,机上 21 人无人生还。美国国家运输安全委员会(NTSB)认为,造成事故的原因是飞机维修人员在维修一条控制飞机升降舵的钢索时将控制钢索张力的螺丝扣安装在一个错误的位置,导致升降舵行程不足,从而使飞机在起飞时失去了俯仰控制。

6.3 飞行控制系统组成

传统的固定翼飞机飞行控制系统由飞行控制面、各自的驾驶舱控制、连接机构和控制飞机飞行方向的必要操作机构组成。飞机发动机控制也被认为是飞行控制,因为发动机控制速度的改变。

6.3.1 驾驶舱控制机构

一般情况下,主要驾驶舱飞行控制包括:

(1) 驾驶杆(驾驶盘)和脚蹬,即通过中央操纵机构进行方向控制,其中,通过前后推拉驾驶杆(驾驶盘)以操纵升降舵,可以实现飞机的俯仰控制;左右压杆或左右转动驾驶盘可操纵副翼,实现飞机的横滚控制;通过左右脚蹬以操纵飞机的方向舵,可以实现飞机的偏航控制。

(2) 油门控制,以控制发动机的速度或推力为动力的飞机。

(3) 增升(襟翼、缝翼)、增阻(扰流板、空气制动器)操纵系统等。

(4) 人工配平系统等。

如图 6-1 所示,θ 为飞机飞行的俯仰角,ϕ 为飞机飞行的滚转角,ψ 为飞机飞行的偏航角。

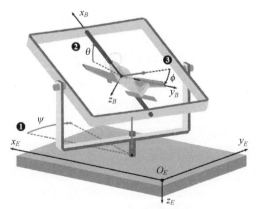

图 6-1　飞机六自由度姿态

6.3.2 飞行控制机构

飞行控制机构包括：

（1）机械控制：机械或手动飞行控制系统是控制飞机最基本的方法。

（2）液压机械控制：随着飞机的尺寸和性能的提高，机械飞行控制系统的复杂性和重量显著增加。液压操纵表面有助于克服这些限制。

（3）电传操纵系统：它用电子接口取代了飞机的手动飞行控制。飞行控制的运动被转换成通过电线传输的电子信号，飞行控制计算机决定如何移动每个控制表面的执行器，以提供预期的响应。计算机发出的指令也会在飞行员不知情的情况下输入，以稳定飞机并执行其他任务。

（4）光传操纵系统：它是利用光纤传输控制信号的一种新型的操纵方式。

6.4 飞行控制系统相关的国内外研究现状

6.4.1 飞行控制系统仿真与建模

南京航空航天大学的杨珊珊和王彪以某种典型的六自由度固定翼飞机模型为基础，设计并建立了基于 FlightGear 的三维可视化飞行控制仿真实验平台。该平台基于 MATLAB/Simulink 编写飞机模型仿真和飞行控制设计实验界面，并与 FlightGear 直接对接，实时显示三维立体飞行场景，展现飞行控制过程，同时平台界面能实时显示飞行状态变量曲线，与飞行场景对应。为了验证无人机多模态飞行控制律设计的正确性，航空工业第一飞机设计研究院的赵鹏轩和朱江，采用 Simulink/Stateflow 建模仿真方法，以某小型无人机为研究对象，首先在小扰动线性化模型基础上，设计了纵向和侧向多模态控制系统结构，并给出了相应的控制律，然后根据传统的频域和根轨迹的方法确定了各个控制器参数，最后通过 Simulink/Stateflow 完成整个飞行剖面的仿真，最终验证了所设计的多模态控制系统的正确性。美国犹他州立大学的 Coopmans 和 Podhradsky 使用硬件在环仿真和开源飞行仿真软件，验证一个无人机系统的准确性和实用性，并为可能遇到的一些典型情况提供宝贵的飞行前的测试，例如飞行过程中的强风影响和硬件故障情况。通过软件和硬件仿真结果与实际飞行测试结果的比较，验证建模和测试技术的准确性，为实际飞行测试提供了有用的测试手段。具体通过两种方式对无人机飞行控制平台进行仿真：软件在环仿真和硬件在环仿真。软件在环仿真采用 JSBSim 作为动力学建模软件,使用 XML 配置文件定义飞机的面积和系数,并加入螺旋桨和电机的定义,完成仿真建模。使用 Paparazzi 作为自动飞行控制软件,采用 PID 控制回路进行姿态、高度以及导航控制,并加入了位置和姿态估计算法。软件在环仿真主要用于调整自动飞行的控制增益,同时还用于各种飞行演习验证。硬件在环仿真则在软件在环仿真的基础上加入了自动驾驶仪硬件,通过串口与软件通信,对航空电子设备性能进行了硬件在环仿真测试。最后使用相同的控制系统和相同的飞行计划,通过软件在环仿真、硬件在环仿真与实际飞行数据进行对比验证了仿真准确性。结果表明其设计的动力学模型和软硬件在环仿真都足够准确,可用于开发和优化控制回路,以及测试新的自动驾驶应用。

6.4.2 飞行控制系统故障诊断方法

上海交通大学的郑凌霄以波音 747-100/200 飞机为对象,研究基于模型的故障诊断设计方法。考虑实际飞行中遇到的测量干扰和模型参数时变等问题,重点研究了具有干扰抑制和参数时变特性的鲁棒故障诊断滤波器设计理论及应用,首先,基于非线性微分方程、基本气动系数和启动导数建立波音 747-100/200 飞机的数学模型,并开发基于 MATLAB 和 SimuLink 的飞机动力学仿真软件包。其次,针对大型民用飞机飞行控制系统操纵面故障,研究具有干扰抑制/故障灵敏混合指标的参数时变鲁棒故障诊断滤波器设计问题。提出基于线性分式变换方法的参数时变 H_∞/H_- 鲁棒故障诊断滤波器设计算法。借助 MATLAB 半正定规划工具箱求解滤波器参数。最后以大型民用飞机波音 747-100/200 为对象,针对升降舵、副翼和方向舵故障,考虑飞机横纵向运动解耦特性,利用纵向模型设计升降舵故障诊断滤波器,利用横侧向模型设计副翼和方向舵故障诊断滤波器,并通过选择对角加权函数实现副翼和方向舵故障的隔离。法国空客公司的 Goupil P 和 Urbano S 提出了一种基于数据驱动的飞行控制系统故障检测策略,提出的数据驱动技术利用了故障发生时命令和舵面位置之间的相似性损失,研究了基于修正因子加权欧氏距离的相似性度量方法,提出了一种新的差异度量方法。初步测试结果表明,可以使现有的空客飞机的基于模型的信号处理技术得到很大的改进。提出的数据驱动方法的优点包括通用性和低计算负载,最后还对该方法进行了验证。

6.4.3 飞行控制系统失效的应对措施

自 20 世纪 70 年代以来,人们就利用各种自适应控制方法对可重构飞行控制进行了研究,以提高飞机在严重飞行故障情况下的生存能力。自适应控制具有自行组织的特性,包括 3 个基本动作:识别对象的动态特性,在识别对象的基础上采取决策,根据决策指令改变系统动作。早期的研究主要集中在执行器的失效上,为克服混合翼飞机复杂损伤所带来的不稳定性,韩国忠南国立大学的 Jongmin Ahn 和 Kijoon Kim 采用直接模型参考自适应方法,设计了一种可重构的飞行控制算法。将模型参考自适应控制引入内环速率控制系统,提高了基线控制的性能,有效地解决了系统突然失稳的问题。利用李雅普诺夫稳定性定理计算了模型参考自适应控制的增益。设计了外环姿态自动驾驶仪对混合翼无人机的横摇和俯仰进行自动控制。建立了一个六自由度动态模型,该模型能尽可能真实地反映从正常飞行状态切换到损伤状态的飞行情况。考虑了垂直尾翼和方向舵操纵面 22% 的右翼损失和 25% 的右翼损失。通过风洞试验得到静空气动力系数,并通过数值仿真验证了可重构飞行控制系统的性能。

英国埃克塞特大学的 H. Alwil 等提出了一种容错飞行控制方案,并通过六自由度全飞行模拟器进行了实时验证和飞行员评估。基于积分滑模(ISM)控制分配(CA)结构评估容错控制方案,围绕线性参数变换(LPV)模型设计了系统,以确保操作条件的广泛性。该方案具有处理不确定性的能力,并能在不改变控制器结构的前提下在无故障或故障条件下运行,最后通过仿真验证了该控制器在运动飞行模拟器中的实现和飞行。

6.5　JSBSim 中的飞行控制系统

JSBSim 中的飞行控制系统(FCS)是通过其属性来实现的,飞行控制系统主要涉及飞机的速度、姿态、增升、增阻、起落和配平,如图 6-2 所示。其中,控制飞机的速度主要是通过调节发动机的油门、油气混合比例、顺桨和螺旋桨进程来实现的,改变飞机姿态则是通过改变副翼、方向舵和升降舵的位置来实现的,飞行员操纵左右副翼差动偏转所产生的滚转力矩可以使飞机做横滚机动,方向舵左、右偏转控制飞机向右、左偏航,升降舵上、下偏转控制飞机的俯、仰。增升装置主要为襟翼和缝翼,增阻装置有扰流板和减速板,起落装置主要包括起落架和刹车,配平属性则包括:俯仰配平、横滚配平和偏航配平。以上飞行控制系统部件均能在 JSBSim 中找到对应的属性,若要实现对某一部件的控制,只需在飞行的配置文件中设置对应属性的属性值即可。

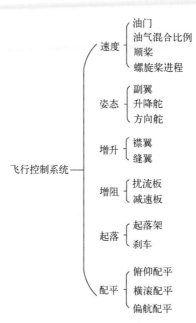

图 6-2　JSBSim 中的飞行控制系统结构图

6.6　JSBSim 中的飞行控制系统建模

　　JSBSim 可以通过创建单独的控制组件链路对飞行控制律、稳定增强系统、自动驾驶仪和任意飞机系统(电子、电气系统等)进行建模。JSBSim 中提供了一组可配置组件,包括增益、过滤器、开关等。通过飞机配置文件中的一系列 <channel>元素按照<system>、<autopilot>或<flight_control>规范进行编写来定义飞行系统功能。执行相关任务的组件的分组放在<channel>元素中,如:

```
<autopilot name="C172X Autopilot">

<!-- Wing leveler -->

<channel name="Roll wing leveler">
<pid name="fcs/roll-ap-error-pid">
<input>attitude/phi-rad</input>
<kp> 1.0 </kp>
<ki> 0.01</ki>
```

```
<kd> 0.1 </kd>
</pid>

<switch name="fcs/roll-ap-autoswitch">
<default value="0.0"/>
<test value="fcs/roll-ap-error-pid">
ap/attitude_hold == 1
</test>
</switch>

<pure_gain name="fcs/roll-ap-aileron-command-normalizer">
<input>fcs/roll-ap-autoswitch</input>
<gain>-1</gain>
</pure_gain>

</channel>

<channel name="Pitch attitude hold">
…components…
</channel>

… additional channels …
</autopilot>
```

　　一个组件将计算它自己的输出,随后该值将被传递给另一个组件。飞行控制部分是 JSBSim 中最重要的部分。在此基础上,实现了自动驾驶仪部分,最后是系统部分,在 JSBSim 中一个飞机模型可以有任意数量的系统部分。

　　JSBSim 中的飞行控制系统程序运行原理详见 3.1.2.3 节"3. 模型类"中的"3)FCS(飞行控制系统)"。

6.7　飞行控制系统失效建模

6.7.1　舵面卡死

　　在飞机飞行时,为了保持飞机的某种飞行姿态,常常会使用某些舵面锁定机构来防止舵面的转动,如:

　　(1) 内部舵面锁:常位于驾驶舱内,用于锁住传动机构的某个部件,从而防止舵面移动。

（2）操纵机构锁：用于锁住操纵机构，从而防止舵面和传动机构移动。

当使用这些锁定机构时，或者飞机作动器故障都会引起操纵面的卡死、卡滞和卡阻的现象，这对于控制飞机高度、航向等飞行姿态可以说是致命故障。我们可以通过 JSBSim 中的配置 FCS 属性中的具体飞行控制组件来模拟飞机舵面卡死的故障。

6.7.2 飞行控制系统失效注入配置

具体操作如下：

1. 编写初始化文件

初始化文件与机型配置文件在同一文件夹中，主要规定了飞机的初始位置（经纬度、高度等），姿态、速度、航向等信息。

2. 编写自动飞行脚本

首先编写飞行器从起飞到巡航阶段的自动飞行脚本，本例编写的自动飞行脚本为 C172 飞机从 Ellington 机场起飞，然后开启航向海拔 6000 英尺高度的自动驾驶。

3. 注入飞行控制系统失效设置

在自动飞行脚本中加入新事件（event）标签，设置触发时间和属性值，即可操纵对应属性的组件，让其保持失效状态。

```
<event name="elevator failure">
<condition>simulation/sim-time-sec>=40</condition>
<set name="fcs/elevator-cmd-norm" value="1"/>
</event>
```

以上代码表示事件在第 40s 触发，其中 fcs/elevator-cmd-norm 表示设置飞行控制系统中的升降舵属性，value=1 代表让升降舵向下偏转 30°保持不变，飞机俯冲坠向地面，若将 value 设置为负值，则表示使舵面向上偏转，飞机抬头向上爬升。

同理，将 fcs/rudder-cmd-norm 和 fcs/aileron-cmd-norm 分别赋值，即可实现方向舵和副翼的舵面卡死设置。当为方向舵赋值为大于 0 小于等于 1 的正数时，方向舵向左偏转；当赋值为大于等于-1 小于 0 的负数时，方向舵向右偏转；赋值为 0 时，舵面不发生偏转。同样地，当为副翼赋值为大于 0 小于等于 1 的正数时，飞机向右侧横滚；当赋值为大于等于-1 小于 0 的负数时，飞机向左侧横滚。

6.8 飞行控制系统失效场景仿真

6.8.1 飞行控制系统失效场景仿真步骤

（1）首先打开 FlightGear，选择要进行失效仿真的对应机型，机型可以从官网下载，然后将压缩文件解压到 FlightGear/data/aircraft 文件中，即可在 FlightGear 的机型页面看到对应机型；

（2）打开 FlightGear 设置界面，输入命令行：

```
--native-fdm=socket,in,30,,5508,udp
--fdm=external
```

（3）点击 FlightGear 的"Fly！按钮"进入 FlightGear 仿真场景，初始界面为所选机型和机场；

（4）编写 JSBSim 带飞行控制系统故障的自动飞行脚本 xxx.xml，将其放入 JSBSim/scripts 脚本文件夹中；

（5）将 JSBSim 路径中的 data-output 文件夹中名为 flightgear.xml 的文件中的"port"端口值修改为 5508，与 FlightGear 设置界面中的接收值保持一致，保证 JSBSim 与 FlightGear 之间的通信。

（6）打开系统命令执行程序，指定 JSBSim 路径，运行 JSBSim，输入命令行：

```
    <path>\JSBSim.exe
--realtime
    data_output/flightgear.xml
--script=scripts/xxx
```

（7）随着 JSBSim 的运行，可以看到 FlightGear 中视景仿真的开始，系统命令执行程序界面显示实时飞行参数，而记录完整飞行过程的 CSV 文件则保存在 JSBSim 文件夹中。

6.8.2 飞行控制系统失效场景仿真结果

1. 升降舵卡死

飞行控制系统失效场景仿真主要经历飞机按照配置文件正常飞行、飞行过程中飞行控制系统失效舵面卡死和俯冲坠毁 3 个过程，图 6-3 所示为飞机正常飞行爬升的 FlightGear 仿真图，图 6-4 为飞行过程中飞行控制系统失效，方向舵

向下偏转 20°卡死导致机头向下，飞机向下俯冲的 FlightGear 仿真图，图 6-5 为
飞机最终坠毁在地面的 FlightGear 仿真截图。

图 6-3　飞机正常飞行爬升的 FlightGear 仿真图

图 6-4　飞机升降舵卡死的 FlightGear 仿真图

图 6-5　飞机升降舵卡死坠毁的 FlightGear 仿真图

2. 副翼卡死

图 6-6、图 6-7 和图 6-8 为飞行过程中飞行控制系统失效,左副翼向下偏转,右副翼向上偏转,飞机向右横滚,最终失去姿态平衡坠向地面的过程。

图 6-6　飞机正常飞行爬升的 FlightGear 仿真图

图 6-7　飞机副翼卡死的 FlightGear 仿真图

图 6-8　飞机副翼卡死坠毁的 FlightGear 仿真图

6.8.3 飞行控制系统失效仿真飞行参数的获取与处理

飞行参数的获取与前面的章节基本一致,在本例中关注并输出的飞行属性信息主要有飞机的高度、速度和俯仰角、滚转角等姿态信息。

通过基于 FlightGear 和 JSBSim 构建仿真环境,注入升降舵舵面卡死故障和副翼卡死故障,能够实现基于 FlightGear 和 JSBSim 的飞行控制系统失效场景仿真,获得 CSV 数据文件,再利用 MATLAB 中的绘图工具,可以获得飞行控制系统失效前后飞行器的高度、速度、方向舵偏转角度随时间变化的曲线。

图 6-9 为飞行控制系统失效前后飞行器的高度、速度、俯仰角度随时间变化的曲线。可见在 40s 时,由于升降舵向下偏转并卡死,导致飞机机头向下,飞机迅速俯冲,高度急剧下降,速度也急剧加快;最终在 45s 左右,飞机坠向地面。

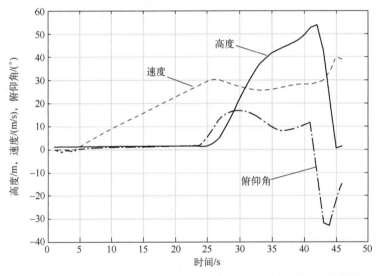

图 6-9　升降舵卡死前后飞机速度、高度和俯仰角随时间变化的曲线

除此之外,利用 JSBSim 中的 position 属性,可以通过 MATLAB 将飞行轨迹绘制出来,position 中的 position/distance-from-start-lat-mt 属性表示当前位置距离起始飞行位置的纬度距离,将其作为飞行轨迹曲线的横轴;position 中的 position/distance-from-start-lon-mt 属性表示当前位置距离起始飞行位置的经度距离,将其作为飞行轨迹曲线的纵轴;Position 中的 position/h-agl-ft 属性表示相对地面高度(above ground level),并将其通过 JSBSim 中 scripts 文件夹的"unitconversions. xml"脚本中的"convert-ft-To-m"函数将高度单位转换成

"米",然后将其作为飞行轨迹曲线的竖轴,即可绘制出如图 6-10 所示的三维飞行轨迹曲线。

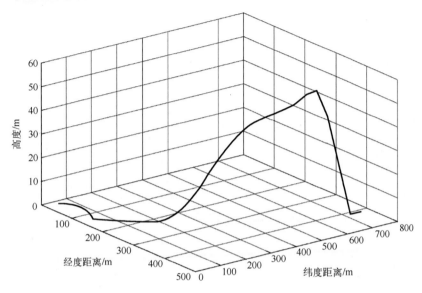

图 6-10　飞机升降舵卡死的飞行轨迹图

利用 MATLAB 中三维图形函数 plot3,它能将二维绘图函数 plot 的有关功能扩展到三维空间,可以用来绘制三维曲线。其调用格式为

$$plot3(x1,y1,z1,,x2,y2,z2,\cdots)$$

在本例中 MATLAB 的命令行输入以下指令:

```
>>plot3(x,y,z)
>> grid on
>>view(52.76,30.50)
```

其中 x、y、z 分别为导入的数据中横向距离、纵向距离、相对高度所对应的变量名称;gridon 为添加网格指令,如果想要添加网格线的数据,及添加更密集的网格线,可以使用 grid minor 这个指令;view 为设置视点的函数其调用格式为

$$view(az,el)$$

其中 az 为方位角,el 为仰角,它们均以度为单位。系统默认的视点定义为方位角为-37.5°,仰角 30°。这里我们设置视点方位角 52.76°,仰角 30.50°,以便更好的观察整个飞行轨迹。

如图 6-11 所示,为飞行控制系统失效前后飞行器的高度、速度和滚转角随时间变化的曲线。可见在40s时,由于副翼偏转并卡死,导致飞机向右侧横滚,飞机失去平衡,高度急剧下降,速度也急剧加快;最终在50s左右,飞机坠向地面。图6-12为飞机副翼卡死的飞行轨迹三维图。

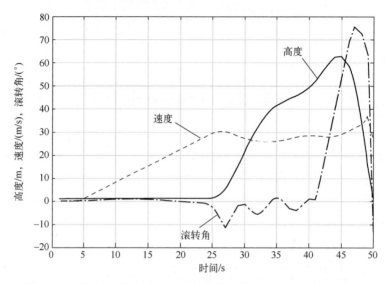

图6-11　副翼卡死前后飞机速度、高度和滚转角随时间变化的曲线

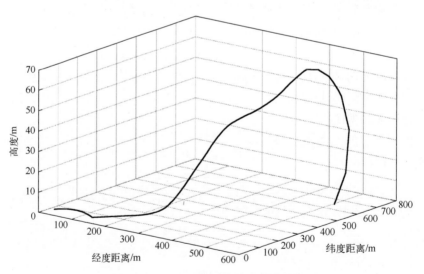

图6-12　飞机副翼卡死的飞行轨迹图

第7章 飞机积冰仿真

7.1 飞机积冰

飞机积冰是指飞机机体表面某些部位聚集冰层的现象。它主要由云中过冷水滴或降水中的过冷雨碰到飞机机体结冰后形成的,也可由水汽直接在机体表面凝华而成。

机翼结冰,不仅使阻力增大,升力减小导致失速,而且会使发动机功率下降,因此结冰直接影响到飞行安全。

《美国联邦航空条例(FAR)》和《航空信息手册(AIM)》中将积冰程度划分为4个等级,用以说明积冰情况的严重性。

(1) 微量积冰:这种程度的积冰率稍大于升华。除非出现的时间很长,一般情况下微量积冰被认为是不会造成危害的。

(2) 轻度积冰:如果这种程度的积冰出现时间超过1h会给飞机带来一些问题,但如果间断地使用除冰/防冰设备就不会给飞行安全造成危害。

(3) 中度积冰:即使短时间遇到这种程度的积冰也会有潜在的危险性,遇到这种情况必须使用防冰设备,同时也可以考虑改变飞行高度或航向。

(4) 严重积冰:在这种积冰率下,防冰设备已不能减少或控制积冰,必须立即改变航向。

7.2 飞机积冰引发的事故

1994年10月31日,美鹰航空4181号航班从印第安纳州印第安纳波利斯前往芝加哥,在芝加哥国际机场外盘旋等待降落时,由于机身积冰导致飞机失速并快速向右滚转,机组失去对飞机的控制,最终飞机连续翻滚并坠毁,机上68人全部罹难。

2004年11月21日,包头飞往上海的MU5210航班在起飞后不久,失去控制,坠入包头市南海公园的湖中并发生爆炸起火。事故调查组通过对事故机型庞巴迪CRJ-200进行气动性能、机翼污染物、机组操作和处置等进行调查分析,认为本次事故的原因是:飞机起飞过程中,由于机翼积冰使机翼失速临界迎角减小。当飞机刚刚离地后,在没有出现警告的情况下飞机失速,飞行员未能从失速状态中改出,直至飞机坠毁。

7.3 造成飞机积冰的常见因素

造成飞机积冰的常见因素包括:

(1)在大液滴结冰情况下过度盘旋;

(2)除冰带的结冰堆积;

(3)飞机在大液滴条件下缺乏应有的除冰装置;

(4)由于传感器不足和/或缺乏相关的天气信息,飞行员没有意识到结冰的严重程度;

(5)机翼/尾翼迎角过大;

(6)在已结冰条件下使用自动驾驶仪;

(7)除冰或防冰设备故障;

(8)未能使用现有的除冰和防冰设备;

(9)进近阶段的大气逆温;

(10)使用了襟翼。

这些因素中的任何一个通常都不足以导致积冰事件,积冰通常是由以上3个或3个以上条件共同作用的结果。

7.4 飞机积冰的影响

当飞机出现积冰时对飞行会有什么影响,这是飞行安全应该考虑到的重要问题。总的来说,当飞机空气动力表面出现积冰时,对空气动力的影响是很大的。风洞试验表明,当机翼前缘有半英寸厚的积冰时,会减少50%的升力和增加60%的阻力。

积冰的速度是非常快的,有时在严重积冰的情况下,5min内的积冰厚度可达2~3英寸。最严重的积冰情况一般发生在云外飞行时、在结冰温度下遇到降雨的时候。

飞机积冰主要包括：

1. 机翼积冰

飞机外部积冰,特别是机翼表面积冰严重影响飞行安全。即使冰、雪或霜造成轻微污染也能损害翼面,相当于中粒砂纸的冰粗糙度可导致操纵品质降低到危险程度和失速范围。根据风洞试验数据,直径 1～2mm、食盐大小的细小霜粒或冰粒,按每平方厘米一个的密度稀疏分布在机翼上表面,造成机翼上表面粗糙,会使最大升力系数在地面效应和自由空气两种条件下分别损失 22% 和 33%。其造成的升力损失之大,足以使具有高性能的超临界翼型机翼的飞机无法起飞。

波音公司的试验表明,砂纸般粗糙度的机翼表面使板条机翼的最大升力降低 32%,而且在振杆器发出失速报警前失速。平直机翼螺旋桨飞机和有前缘增升装置的后掠翼喷气机都受薄冰的不利影响。试验表明,翼面升力对翼弦最初 20% 的平滑绕流很敏感,哪怕很薄的一层冰也会妨碍附面层,造成阻力增加并导致早期气流分离。

2. 尾翼积冰

当尾翼前缘出现积冰时,有可能导致尾翼失速。积冰引起的尾翼失速一般发生在五边进近阶段,这是因为五边进近时襟翼全部伸出,作用在平尾上的气动力载荷达到最大。由于前缘积冰对气流的干扰引起平尾失速,平尾上负升力突然消失,机头急剧下俯。

从这种失速中改出的操作程序与机翼失速的情况不同,机翼失速时是应用全动力和向前推杆的方法来改出,但在只是尾翼失速而机翼不失速的情况下用这种方法则会带来问题。从尾翼失速中改出的正确方法是将动力减小到慢车状态,同时向后拉杆。

1989 年联合捷运公司的一架喷气式飞机在华盛顿的帕斯科发生的撞地事故就是尾翼失速的一个例子。事故发生时的飞行情况是飞机在夜间进行仪表着陆系统(ILS)进近,云底高度是离地 1000 英尺,低于目视飞行条件,飞机表面温度是 0℃,露点温度是 -1℃。

美国运输安全委员会(NTSB)的调查报告认为,在下降过程中,飞机在积冰条件下飞行了 9.5min。进近是不稳定的,导致五边进近时速度大于正常空速,最后导致撞地。水平安定面的失速和失去控制是这次事故的可能原因;由于积冰造成飞机性能下降是该事故的一个重要影响因素。

无论什么时候,当发现飞机有积冰时要注意着陆时的襟翼情况,特别是在预计到平尾有积冰时,更应该特别注意着陆襟翼问题。

3. 螺旋桨积冰

除了机翼和尾翼积冰外,积冰还可能出现在螺旋桨上。螺旋桨积冰会减小动力和降低空速,同时增加燃油消耗。螺旋桨积冰还会破坏螺旋桨平衡,造成严重的振动。

4. 管道积冰

管道积冰的部位包括空速管、喷气飞机的 N1 压力传感器、雷达天线和燃油系统通气管,管道积冰会给飞行带来其他问题。

(1) 空速管积冰:空速管积冰是个很严重的问题。有的飞行员对此不太注意。仪表中最重要的是空速指示,它的读数是根据空气的动压和静压给出的。当空速管因积冰受堵,该仪表将变成一个"高度计",如空速增加,高度指示会随之增加,这就会给飞行员以错误的指示。

1974 年在美国纽约 Thiels 附近发生的波音 727 坠毁事故就与空速管积冰有关。飞机在爬升时遇到积冰条件,机组没有打开空速管除冰设备,得到了错误的仪表读数。当飞机爬升到 22000 英尺时出现失速,最后落地坠毁。

(2) N1 压力传感器积冰:N1 压力传感器积冰会造成传感器堵塞,引起错误的大功率指示,导致机组在起飞时使用比实际需要小的推力。

1982 年在华盛顿国家机场,一架波音 737 因 N1 压力传感器堵塞及没有使用空速管除冰设备,导致机组用过小的推力起飞,最后飞机掉到了波托马克河里。

(3) 天线积冰可能引起天线折断,严重干扰雷达通信。

(4) 燃油系统通气管堵塞,会影响燃油的流动,导致发动机功率的下降。

7.5 与飞机积冰相关的国内外研究现状

7.5.1 飞机积冰建模与仿真

在过去的 20 年中,二维和准三维的飞行中积冰模拟代码作为认证过程的辅助手段,在航空航天工业中得到了广泛的应用。根据这些代码研制了二维截面冰的形状,然后用一种轻质材料制成,并作为一次性剖面附在测试飞机上,以研究其在积冰情况下的稳定性和控制。虽然在简单的几何图形上计算冰的形状是有效的,但是目前代码的主要问题是不能在真正的三维几何图形上模拟冰的形状,例如机舱、高升力机翼、发动机以及结合了外部和内部流动的系统。加拿大麦吉尔大学的 W. Habashi 等,提出了计算冰的形状、油的简单或复杂三维几何形状的各种有效的数值方法。该积冰系统名为 FENSAP-ICE,是基于现代计算流体动力学的第二代积冰模拟系统,将已有的飞机和叶轮机械积冰场仿真方法引入积冰场仿真中。该模型采用模块化和互连的方式,通过基于有限元法的场模型以及其他 3 个积冰过程的偏微分方程,逐次求解流场、冲击、积聚、热负荷和性能退化等问题,最终建立起 FENSAP-ICE 结冰模型。

北京航空航天大学的 Y. Cao 和 Z. Wu 等,研究了如何获取积冰飞行器的气动数据、积冰飞行器的飞行动力学建模与仿真、积冰对飞行器稳定性与控制的影响、积冰对飞行性能的影响以及积冰包线保护与控制的适应性。最后基于现有研究,提出一些关键的、应该得到更多关注的问题,包括通过数值模拟的方法获得积冰飞机的空气动力数据,完善现有的积冰对飞机气动导数影响的计算模型,加强对尾翼积冰问题的研究。

德国航空航天中心的 C. Deiler 分析推导了增量模型扩展(Delta 模型)中积冰引起的飞机动力学变化特征,并对其参数进行了估计。该模型扩展作为飞机仿真气动部分的一个独立模块,可用于现有的仿真模型。德国航空航天中心和巴西航空工业公司(Embraer)利用一架轻型商务机不同积冰情况下的飞行数据,确定了描述积冰效果的未积冰和 Delta 模型的参数。根据积冰引起的空气动力退化对 Delta 模型参数进行了解释,利用所确定的 Delta 模型对不同的不对称积冰情况进行了分析,通过动态模拟显示了覆盖各种积冰效果的能力。

7.5.2 飞机积冰识别与预测

美国密歇根大学的 Yiqun Dong 将深度神经网络应用于飞机积冰的飞行参数识别中,对积冰进行检测和表征。提出了一种对输入飞行状态进行预处理的"状态图像"方法,然后设计了一种深度神经网络结构,该结构利用卷积神经网络(CNN)和递归神经网络(RNN)对飞行状态的局部连通性和时间特性进行建模。识别的参数直接从深度神经网络输出层导出。为了全面评估基于深度神经网络方法的性能,对不同位置(机翼、尾部、机翼和尾部)不同严重程度(中度、重度)的未积冰和飞机积冰情况进行了仿真。此外,还对基于深度神经网络的方法与基于基线 h 无穷大的识别算法(飞机积冰的最新技术)进行了比较。试验和比较结果表明,基于深度神经网络的方法对更多参数具有更准确的识别性能,对飞行参数识别问题具有较好的适用性。

自 1998 年以来,德国航空航天中心(DLR)、德国气象局(DWD)和汉诺威大学气象与气候研究所合作开发了先进的飞机积冰环境诊断与预警系统(AD-WICE)。德国气象局的 F. Kalinka 和汉诺威大学的 K. Roloff 对该系统的结构、改进和验证进行了介绍,该预警系统由两种算法组成。基于欧洲小规模模型联盟(COSMO-EU)的天气预报模型的运行数值输出数据,预测积冰算法(PIA)能够预测有积冰危险的地区。诊断积冰算法(DIA)实现了预测、观测和遥感数据(如卫星数据)的融合,以描述当前的积冰危害。这两种算法都创建了一个三维积冰模型,其中包含有关可能积冰场景及其相关积冰强度的信息。介绍了先进的飞机积冰环境诊断预警系统的结构、输出、诊断和预测技术。为了验证,将两种算法的输出结果与欧洲地区的试点观测结果进行了比较。结果表明,该方法具有较好的检测概率和效率。

7.5.3 飞机积冰的应对措施

加拿大麦吉尔大学的 D. Zeppetelli 和 W. G. Habashi 通过计算流体动力积冰分析对飞行过程中的积冰风险进行管理,深入分析了飞行中积冰事故和意外的发生情况,以识别高危飞行条件。利用典型翼型的计算流体动力学模型对这些条件进行了更深入的研究。该模型能在积冰风洞控制环境下进行试验的再现,在一定的俯仰角和飞行速度范围内,计算了机翼的积冰和由此导致的气动性能下降。这些仿真结果显示了大量的性能损失,如最大升力减小,失速角减小。根据这些结果,利用风险管理原则,开发了积冰风险分析工具,以评估某一特定飞机在飞行中可能遇到的积冰风险。挪威科技大学的 K. L. Sorensen 和 T. A. Johansen,对一种新型小型无人机基于电热的自主积冰保护方案(IPS)进行概念验证研究,该解决方案包括一个中央控制单元,其中的几个控制算法,确保电热源的温度控制,适用于暴露的飞机表面。该解决方案包括 3 种不同的控制程序(积冰检测、防积冰和除冰),并通过在挪威斯瓦尔巴特群岛的奈埃斯特龙·勒松德(Ny-angstrom lesund)的飞行测试进行验证。

7.6 飞机积冰模型

7.6.1 LaRCsim 模型

美国伊利诺伊大学厄巴纳-香槟分校的 SIS 小组开发了一种可重构的飞机

模型,以配合美国航空航天局(NASA)Jackson 开发的基于工作站的飞行模拟器 LaRCsim 的飞行动力学模型(FDM),后者已经被整合到了 FlightGear 中。除了可重构的飞机模型外,还加入了结冰模型,并增加了飞行结冰场景的能力。从 2000 年开始,该小组开发的 UIUC 模型被加入到了 FlightGear 中,如图 7-1 所示。

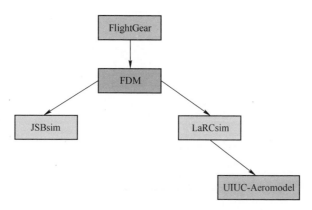

图 7-1　JSBSim、LaRCsim 与 UIUC-Aeromodel 的关系图

　　该小组所做的工作第一步是使用 LaRCsim 的飞行动力学模型创建可重构的飞机模型,该可重构飞机模型使用一个基于关键字的输入文件来描述飞机的属性,如几何形状、质量、气动模型、发动机模型、齿轮模型、结冰模型和初始条件。还包括了设置标记变量的功能,以将其保存到输出文件以进行后期处理。定义飞机属性的关键词超过 370 个,可标记变量超过 400 个。利用飞机的特性,计算作用于飞机上的力和力矩,并由 LaRCsim 模块确定下一个飞机状态。可重构飞机模型的概念表示如图 7-2 所示。

　　本例中采用了两个双水獭(DHC-6)气动模型,第一个模型使用线性稳定性和基于机体轴系统的控制导数,该系统是根据美国航空航天局公布的双水獭飞行结果计算得出的。

　　第二种模型基于 Bihrle Applied Research 公司的风洞试验,利用 24 个三维查找表对双水獭的非线性空气动力学进行建模。

7.6.2　仿真执行方式

　　由于积冰条件下自动驾驶仪功能的开启可以掩盖积冰对飞机飞行特性的影响,因此该小组针对双水獭飞行模型建立了特有的自动驾驶系统。目前在模拟器中实现的自动驾驶系统有俯仰姿态保持、高度保持、横滚姿态保持和航向

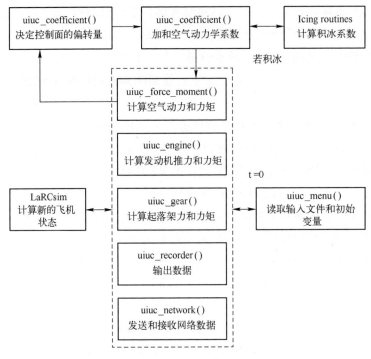

图 7-2　可重构飞机模型概念图

保持功能。所有的自动驾驶仪程序是利用 MATLAB 中的飞行动力学和控制工具箱(FDC)开发的,然后将例程转换为 C 函数并集成到模拟器中。自动驾驶仪例程是利用双水獭的线性空气动力学模型设计的,能在非线性空气动力学模型的线性范围内运行良好。

　　为了有效地将模拟器用作测试平台,该小组添加了允许模拟器以批处理模式运行的功能。批量模式的目的是能够在给定的初始条件下启动模拟器,并能够通过规定的控制输入控制飞机。通过提供方向和速度,通过基于关键字的输入文件提供飞行器的初始状态。方向由 3 个欧拉角给出,由三方位轴速度和 3 个角速率给出速度。飞机的位置由内置在 FlightGear 中的命令行选项提供的高度、经度和纬度来指定。控制表面和油门输入的时间记录作为数据文件提供给模拟器。通过基于关键字的输入文件,还可以提供积冰参数、积冰保护系统值和系统保护包线值的时间记录。

7.6.3　积冰模型

　　积冰模型用积冰严重程度系数 η 和协同积冰系数 k 来修改气动系数,参数

η 表示覆冰量及严重程度,它被定义为仅受大气条件影响的函数,与飞机无关;参数 k 由飞机气动系数和飞机属性决定,得到的冰化系数为

$$C = (1+\eta k) C(A)$$

式中:$C(A)$ 为积冰前气动系数;C 为积冰气动系数,为了模拟不同的积冰情况,如机翼积冰、尾部积冰和全飞机积冰,使用了不同的协同积冰系数因子 k,表 7-1 所列。本例使用了美国航空航天局的双水獭(DHC-6)在积冰时的飞行测试数据来计算和估计协同积冰系数 k,这些结冰因素适用于所有飞行条件,而不是飞行条件如空速和迎角的函数,该线性模型仅用于准稳态飞行分析。

表 7-1 双水獭(DHC-6)不同位置的积冰系数表

系　　数	机翼和尾部积冰	机 翼 积 冰	尾 部 积 冰
$k_{C_{X_0}}$	6. 52696	2. 64444	1. 58844
$k_{C_{X_\alpha}}$	−0. 14296	−0. 03156	−0. 04504
$k_{C_{X_{\alpha^2}}}$	−1. 59837	−0. 13719	−0. 58415
$k_{C_{Z_\alpha}}$	−1. 48148	−0. 83259	−0. 36593
$k_{C_{Z_q}}$	−0. 20741	−0. 20741	−0. 20741
$k_{C_{Z_{\delta e}}}$	−1. 40741	−0. 33970	−1. 05556
$k_{C_{m_\alpha}}$	−1. 46667	−0. 28346	−0. 53244
$k_{C_{m_q}}$	−0. 51852	−0. 51852	−0. 51852
$k_{C_{m_{\delta e}}}$	−1. 48148	−0. 26504	−1. 24756

7.7 飞机积冰仿真

FlightGear 中已经整合了 UIUC 模型,只需打开 FlightGear 根目录,在 FG-ROOT/data/Aircraft-uiuc 文件夹中即可找到 UIUC 模型目前支持的机型。

模拟器可执行文件——fgfs. exe,使用位于 aircraft-uiuc 中的 aircraft. dat 文件来运行所需的飞机。这个文件应该与 fgfs. exe 位于同一个目录中,或者应该从命令行调用。要实现后者,打开 DOS 或 Cygwin shell 并转到包含 fgfs. exe 的目录。例如:

```
> fgfs. exe --aircraft-dir=Aircraft-uiuc/Cessna172
```

也可以使用批处理文件完成相同的过程。目录中提供了一个示例批处理文件(runfgfs. bat)。要运行所需的飞机,只需从行首删除"rem"命令。确保所有其他的模型仍然以"rem"开头。双击文件 runfgfs. bat 开始模拟。

UIUC 模型还有一个记录特性,它能生成一个名为 uiuc_record. dat 的文件,可以使用适当的命令行在这个文件中记录所需的变量。其中的 TwinOtter 是专门用于结冰研究的模型。

以下为用于积冰研究的具体飞机模型:

(1) TwinOtter:加拿大 DeHavilland 公司的 DHC-6 双水獭飞机,是一款小型通勤飞机,该模型为美国航空航天局 Glenn 研究中心用于积冰研究的双水獭不积冰版本,飞行效果较好。

(2) TwinOtterAllIce:

该模型展现了双水獭在积冰开始后性能下降的过程。在该模型中双水獭飞机在飞行 2min 后开始积冰;从未积冰状态过渡到积冰空气动力模型用时 5s,在实际使用时可以通过修改文件来改变这些时间和积冰严重程度系数(积冰严重程度系数 $\eta=0$ 时,表示飞机未积冰,$\eta=1$ 时,表示飞机严重积冰),以查看不同积冰状况对飞机性能的影响。

(3) TwinOtterTailIce:只有尾翼积冰的双水獭模型。

(4) TwinOtterWingIce:只有机翼积冰的双水獭模型。

第8章 空中交通防撞系统故障仿真

伴随着空中交通量的日益增大,空中交通预警与防撞系统(traffic alert and collision avoidance system,TCAS,以下简称为"空中交通防撞系统")在保障飞行安全方面的作用越发重要。它能够通过对附近的飞机进行冲突检测,预测未来可能发生的危险,提示飞行员避免危险。

8.1 空中交通防撞系统简介

空中交通防撞系统(TCAS),采用二次雷达原理与装备有空管雷达信标系统(ATCRBS)模式和S模式应答机的飞机相互通信,监视跟踪本机周围空域内的入侵飞机,获取入侵飞机的高度、距离、速度、方位等信息,对入侵机建立轨迹并预估轨迹。对本机,TCAS通过总线与本机的S模式应答机、大气数据机、无线电高度计、离散数据输入、ATC控制面板等外部设备联系起来,获知本机的高度、速度、控制等信息,对本机的飞行轨迹进行预估。

预估得到2架飞机的轨迹后,利用防撞逻辑算法,计算得出2架飞机的相对最近接近碰撞点的时间,按照此时间划分不同的危险等级,对有潜在碰撞危险的入侵飞机生成空中交通咨询(traffic advisory,TA),帮助飞行员直观地感知周围的空中交通环境状况,对有碰撞危险的入侵飞机执行空中交通决策,以指导飞行员驾驶飞机做出正确的机动,实现防撞规避。

空中交通防撞系统由5个主要部件构成,分别是空中交通防撞处理机、TA/RA显示器、空中交通天线、S模式应答机和控制盒。飞机TCAS警告示意图如图8-1所示,完整的TCAS构成如图8-2所示。目前实际安装应用的TCAS主要分为两类:TCAS Ⅰ和TCAS Ⅱ。TCAS Ⅰ主要功能是提供显示空中交通状况信息,即主要是生成TA,同时伴有语音提示。当入侵飞机接近时,根据危险等级使用不同的标识和颜色显示入侵机的位置信息,会播报预先录制好的声音:"Traffic,Traffic"。

TCAS Ⅱ是更为先进的TCAS,除了具备TCAS I的功能外,增加了"决策咨

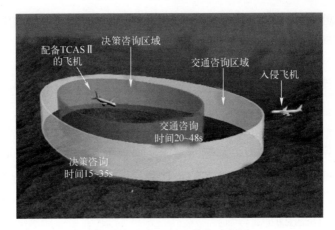

图 8-1　飞机 TCAS 警告示意图

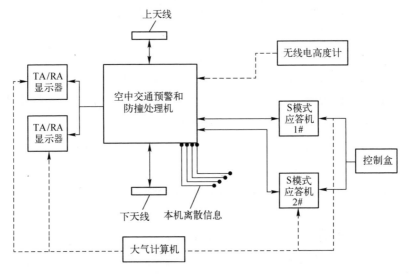

图 8-2　TCAS 构成图

询"(resolution advisory, RA)功能。即当出现碰撞危险时,系统会播报类似
"Climb,Climb"或"Descend,Descend"等语音提示信息。并生成机动指令,提醒
驾驶员如何操作飞机规避危险。

　　第三代空中防撞系统(TCAS Ⅲ),除了有上下避撞措施之外,还增加左右避
撞能力。

　　TCAS 的主要功能包括:

　　(1) 监视邻近空域中的飞机;

　　(2) 获取所跟踪飞机的数据;

（3）进行威胁评估计算；

（4）产生 TA 或 RA 警告信息。

8.2　空中相撞事故

2002 年 7 月 1 日，在德国乌伯林根附近，俄罗斯巴什基尔航空公司 2937 航班的一架图-154 飞机和 DHL 快递公司 611 航班的一架波音 757 货机在空中相撞后坠毁。这架图-154 飞机上的 69 人以及波音 757 飞机上的 2 名机组人员在事故中全部遇难。

事故发生的主要原因是，两架飞机的航线交叉，在两架飞机靠近到一定距离的时候，由于空管人员的疏漏，没有及时发现两架飞机正在靠近，给图-154 飞机发出下降的指示，随后两架飞机上的空中交通防撞系统开启告警，图-154 飞机上的空中交通防撞系统发出"爬升，爬升"的决策咨询（RA），波音 757 货机的飞机上的空中交通防撞系统发出"下降，下降"的决策咨询，图-154 飞机的机组人员在空管人员和空中交通防撞系统给出的指令相悖的情况下选择听从空管人员的指令，而波音 757 货机则遵循空中交通防撞系统的指示，也在下降高度，最终导致两架飞机在空中相撞。

事故发生后，各国航空公司与国际民航组织均要求当控制交通防撞系统于空管指令有冲突时，飞机驾驶人员应遵循空中防撞系统的指示，以免再度发生类似事故。

8.3　空中交通防撞系统的工作原理

空中交通防撞系统（TCAS）主要由询问器、应答机、收发机和计算机组成。监视范围一般为前方 30n mile，上、下方为 3000m，在侧面和后方的监视距离较小。（为了减少无线电干扰，管理条例对 TCAS 的功率有所限制。它把 TCAS 的前向作用距离限定在 45 英里（1 英里＝1.6km）左右，侧向和后向作用距离则更小。）

TCAS 的询问器发出脉冲信号，这种无线电信号称为询问信号，与地面发射的空中雷达交通管制信号类似。当其他飞机的应答器接收到询问信号时，会发射应答信号。TCAS 的计算机根据发射信号和应答信号间的时间间隔来计算距离。同时根据方向天线确定方位，为驾驶员提供信息和警告，这些信息显示在驾驶员的导航信息显示器上。

TCAS 可以提供语音建议警告,计算机可以计算出监视区内 30 架以内飞机的动向和可能的危险接近,使驾驶员有 25~40s 的时间采取措施。(TCAS 可跟踪 45 架飞机,根据选定目标的优先级,最多显示 30 架飞机。)

TCAS 的采用提高了飞行的安全性,目前在新生产的大、中型客机上 TCAS 都已成为标准装备。

图 8-3 为双方均装备 TCAS 时的互补性避撞机动咨询。

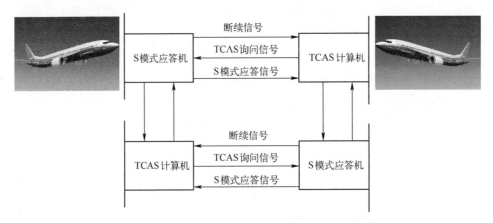

图 8-3 双方均装备 TCAS 时的互补性避撞机动咨询

8.4 飞机防撞相关国内外研究现状

8.4.1 飞机防撞系统建模与仿真

国立成功大学的 C. E. Lin 和 T. W. Hung 提出了一种新的通用航空(GA)空中交通防撞系统(TCAS),该系统采用广播式自动相关监视(ADS-B)。提出的算法能够根据入侵者的航向和位置选择角度,以减少干扰警报。检测算法分为 3 个阶段:接近咨询、交通咨询和决策咨询。计算了转弯角与水平错开距离(HMD)之间的关系,以确定入侵者进入气流分离区时的决策。利用视觉飞行规则(VFR)的相遇模型来评价该 TCAS 算法的性能,在不同的情况下,决策应遵循 VFR 并按优先级排序。利用真实的超轻型飞机飞行数据对提出的 GA-TCAS 算法进行了测试,从防撞检测和决策产生的飞行轨迹来验证系统性能。

国防科技大学的 J. Tang 和 F. Zhu 提出了一种具有风干扰的 TCAS,首先建立了带有风扰动的 TCAS Ⅱ算法的数学模型,在执行阶段,由于风的影响,飞机的速度向量可能会发生变化,因此需要实际考虑改进 TCAS 的稳健性。其次提出一种在图形建模和分析软件上实现的遭遇模型,该模型巧妙地缩小了扩展后的状态,通过表示每个行为的因果关系,更好地理解了风险评估中潜在的次生冲突。最后验证了图形建模和分析软件的相遇模型的可行性和有效性。以 3架飞机为例,详细描述了有/无风扰动时的不同演化过程,并进行了定量测量实验,计算了各功能部件的平均消耗时间。

8.4.2 空中交通防撞系统的改进

随着航空技术的发展,空中交通防撞系统(TCAS)已经被证明能够有效地降低空中撞击的风险,目前几乎所有的大型运输机都被要求安装 TCAS,尽管装备了先进的防撞系统,但由于人为或技术的失误,事故仍然会发生。另外这些机载系统可能在空域拥挤时触发高频率误报或不必要的警报,这可能会令飞行员感到压力并因此做出错误的决策,因此有必要对现有的 TCAS 提出改进。以下是对改进方式的总结:

1. 增加水平决策建议

当前的 TCAS Ⅱ给出决策建议时,只能给出垂直方向的决策建议,而 TCASⅢ除了垂直方向的决策建议还会提供水平方向的决策建议,这将对进一步增加飞机在水平和垂直方向上的总间隔产生影响。在有些靠近地面的空域中,若 TCAS 仅仅给出垂直建议,则可能垂直机动空域不足。复旦大学的 L. F. Peng 和电子科技大学的 Y. S. Lin,研究了基于全球定位系统(GPS)和广播式自动相关监视 (ADS-B)的新一代 TCAS,提出了两种水平避撞方式:在不改变飞行方向的情况下改变速度和在不改变速度的情况下改变飞行方向。

英国克兰菲尔德大学的 E. Christian 和 J. Francisco 建立了一个简单的相遇模型,以简化对相遇指标的评估,目的是评估威胁检测指标之间的一致性,由复杂度指标和 TCAS 指标提供,并确定所提出的复杂度指标是否能够在避让管理(SM)层和撞击避免(CA)层之间的检测过程中实现操作集成。

巴特纳大学的 A. Achachi 和 D. Benatia,提出了一种新的 TCAS 结构,以弥补空中交通管制(ATC)系统性能的一些限制,减少不必要警报的可能性。它的目标是基于飞机驾驶舱中的广播式自动相关监视 (ADS-B)卫星数据来提供视觉信息,使机组人员能够执行正确的操作,并帮助他们在压力较小的情况下可靠地执行操作,特别是在控制终端区域(CTA)。

一般来说,若要实现水平决策建议通常需要其他信息,如 ADS-B 卫星数据、GPS 信息、雷达系统等。因此,决议操纵将完全不同于目前的系统,只提供高度的警告,通常需要更加先进的硬件提供更准确的信息。

2. 其他改进策略

NASA 兰利研究中心的 C. Munoz 和 A. Narkawicz,提出了一个假设飞机状态信息准确的 TCAS Ⅱ决策咨询(RA)逻辑的数学模型。在此模型的基础上,提出了一种 RA 检测算法。该算法类似于冲突检测算法,但它不是预测损失间隔,而是预测决策咨询。通过对飞机运动轨迹模型的正式验证,该算法能完全正确地刻画 2 架飞机在给定的时间间隔内的所有相遇几何特征,从而获得了决策咨询。

此外,一些 TCAS 改进方法还结合了其他系统的信息,如 ADS-B 信息和雷达系统。中国民航飞行学院的徐亚军将 ADS-B 广播信息与原始 TCAS 集成,TCAS 广播并接收相邻飞机的状态。融合 TCAS 和 ADS-B 可以降低 TCAS 无线电的中断率,扩大距离监视范围,提高其精度。艾哈迈杜·贝罗大学的 A. K. Bakare 和 S. B. Junaidu,将雷达与基于 GPS 的 TCAS 相结合,从而保证所有仪表飞行规则(IFR)航班与作为可操纵飞行执行的视觉飞行规则(VFR)航班之间的避让。D. L. Woodell 和 G. M. Smoak 提出了一种改进的 TCAS 逻辑和设备,其中输入数据被更高分辨率的雷达数据增强。通过使用雷达搜索目标,可以为那些没有配备高度报告应答器的飞机提供高度信息。提高的精度还可以提供角度信息,从而提供增强的态势感知。通过集成与碰撞信息相关的状态数据,这个因果相遇模型可以产生所有可能发生状态,以加强飞行员的后续决策。此外,为了提高计算效率,有效地解决状态探测中常见的扩张性问题,采用了一些创新的技术,如消除所涉及飞机正在避让而不引发新的二次威胁的情况。

8.5　FlightGear 中的人工智能模式和多人模式

8.5.1　人工智能模式

FlightGear 有很多独立的操作系统,用于模拟与环境的半智能交互,即人工智能(AI)系统。AIModels 系统可以通过至少 3 种不同的方式进行控制:直接使用脚本,通过多玩家系统,以及交通管理器的子系统。

AI 系统的使用:

（1）启用/禁用 AI 系统：使用--enable-ai-traffic 和--disable-ai-traffic。

（2）选择场景：FlightGear 内置了几种典型的 AI 模式应用场景，例如让一架飞机自动地从某地起飞直到降落，如此循环往复。

可以在 AI 场景中找到标准 FlightGear 演示场景的描述。为了使用 AI 对象，有必要加载一个或多个场景文件。有几种方法可以选择场景：

1. 在 preferences. xml 文件中设置需要的场景

其中 preferences. xml 的配置方法如下：

```
<ai>
  <enabled type="bool">true</enabled>
  <scenarios-enabled type="bool" userarchive="y">true</scenarios-enabled>
  <scenario>aircraft_demo</scenario>
</ai>
```

以上 XML 文件中使 AI 系统选择一个叫 aircraft_demo. xml 的场景文件。

2. 使用命令行参数

使用如下命令行：

```
--ai-scenario=aircraft_demo
```

--ai-scenario 参数的值是 FlightGear 安装目录中"data/AI"目录中的场景 XML 文件的文件名。如果需要，可以重复使用--ai-scenario 参数来加载多个场景。

3. 实时加载或卸载 AI 菜单

在较新的 FlightGear 版本中，还可以在运行时使用菜单项"AI/Traffic and Scenario Settings"来实时地加载/卸载场景。

8.5.2 多人模式

FlightGear 的多人游戏特性使其能够看到其他飞行员，反之亦然。这使得编队飞行、使用真人控制的加油机进行空中加油或联系真人空中交通管制员寻求指导成为可能。

1. 多人模式的使用

通过内置启动程序和内置对话框开启。使用多人模式最简单的方法是使用内置的启动程序或多玩家对话框。所需要做的就是输入一个通信呼号并从菜单中选择一个服务器。按"连接"进入联机。

2. 使用命令行开启

从命令行运行 FlightGear 时,可以指定多人游戏设置。如下所示:

```
--multiplay=direction,10,ip.address,port
--callsign=anything
```

通信呼号可以是任意一个代号,但是它只有最多 7 个字符。如果通信呼号过长,将无法显示。注意:通信呼号不能与他人重复。

--multiplay 包含 4 个参数,其中:

direction 为方向,可以设置为 in 或者 out。in 表示 FlightGear 从某个特定的端口接收数据包,out 表示 FlightGear 向某个特定的端口发送数据包。

ip.address 表示使用的网络接口的 IP 地址,如果留白,FlightGear 将监听所有网络接口。如果方向设置为 in,FlightGear 将只监听这个 IP 地址。

port 为端口,通过端口发送或接收数据。通常设置为 5000 或以上。

8.6　空中交通防撞系统建模

在美国联邦航空管理局(FAA)或其他民航管理单位,都会规范 TCAS 与空中交通管制(ATC)的指示冲突时的优先次序,因为若是一架飞机遵从 TCAS,但另一架遵从 ATC,这样仍有互撞的危险。最明显的实际案例,在 2002 年,2 架飞机在德国南部的乌柏林根上空发生空中接近,两机都收到了 TCAS 的警告,但有 1 架飞机未遵从 TCAS 的指示,反而听从 ATC 的指示,导致两机在空中相撞造成重大死伤。

FlightGear 中与防撞有关的程序主要在 tcas.cxx 和 tcas.hxx 中,当前能实现的功能主要为民航飞机 TCAS 的主要功能,即具备探测、显示、交通咨询(TA)、决断咨询(RA)等功能,然而这只能在撞击前给出飞行员爬升或下降的建议,不会接替飞行员直接操纵飞机,并不包括防撞逻辑处理功能。我们可以通过在决断咨询之后加入防撞逻辑处理算法,来实现自主防撞功能。防撞逻辑处理主要是根据决断咨询给出的飞机控制建议,飞行控制系统控制飞机做出对应的动作,由方向舵调节飞机的上升和下降避让。

修改 FlightGear 开源代码中的 tcas.cxx 和 tcas.hxx,加入 TCAS 的防撞逻辑处理代码,调试编译,即可将防撞逻辑算法代码加入 FlightGear,实现仿真飞机的自动避让。

8.7　空中交通防撞系统仿真场景设计

8.7.1 验证空中交通防撞系统场景设计

选取 2 架飞机作为主机和入侵机,其中主机和入侵机均装有空中交通防撞系统(TCAS),主机的防撞系统中加入了主动防撞功能,即在其 TCAS 代码中加入了防撞逻辑处理代码,而入侵机未做修改。主机和从机分别从不同的位置相对飞行,高度和速率保持一致,观察当两架飞机接近时主机上的导航显示器(navigation display,ND)或即时垂直速度指示器(instantaneous vertical speed indicator,IVSI)是否给出 TA 和 RA 警告,当 2 架飞机到达设置的决断距离时,观察主机是否主动采取防撞措施,抬高或降低高度避让入侵机。

预期场景为主机的显示器会显示入侵机的位置和高度信息,并提供交通咨询(TA)警告和声音报警,之后给出决断咨询(RA)警告和声音报警,入侵机的显示器也会显示主机的相关信息,并同时报警。当到达防撞逻辑处理算法中设置的距离时,主机会采取爬升或下降的避让,而入侵机会按照原有路线继续保持飞行。

8.7.2 空中交通防撞系统故障场景设计

在原有的防撞逻辑处理代码的基础上,关闭防撞逻辑处理进程,使得 TCAS 故障,使用如上防撞场景同样的场景进行模拟,观察驾驶舱显示器是否给出 TA 和 RA 警告,当两架飞机到达设置的决断距离时,观察主机是否主动采取防撞措施,抬高或降低高度避让入侵机。

预期场景为主机和从机的显示器会给出 TA 警告、RA 警告和声音报警,并给出对方飞机的高度和位置信息,但由于防撞系统的故障,主机不会主动采取防撞避让处理,将继续按原有路线飞行,最终与入侵机相撞。

8.8　空中交通防撞系统故障具体仿真过程

(1) 修改 FlightGear 开源代码中的 tcas. cxx 和 tcas. hxx,加入 TCAS 的防撞逻辑处理代码,调试编译,将防撞逻辑算法代码加入 FlightGear,完成设计编译。

（2）分别在 2 台计算机上打开 FlightGear 界面,并打开多人模式,在命令行分别输入如下指令:

```
--multiplay=out,10,127.0.0.1,5000
--multiplay=in,10,127.0.0.1,5001 --callsign=Test1


--multiplay=out,10,127.0.0.1,5001
--multiplay=in,10,127.0.0.1,5000 --callsign=Test2
```

其中 Test1 为主机通信呼号,Test2 为入侵机通信呼号,其中运行 Test1 主机的计算机使用的是重新编译的 FlightGear,Test2 入侵机的计算机使用的是原始未经编译的 FlightGear。

（3）加载事先写好的自动飞行脚本,使两台计算机上的 FlightGear 中的飞机按照同样的高度和速率相向飞行。

（4）首先进行加入主动防撞系统后的仿真,运行两台计算机上的 FlightGear,观察两架飞机的飞行过程,按"V"键切换驾驶舱视角和模型视角,观察驾驶舱显示器是否给出 TA 警告和 RA 警告,当 2 架飞机到达设置的决断距离时,观察主机是否主动采取防撞措施,抬高或降低高度避让入侵机。

（5）之后关闭防撞逻辑处理进程,并重新编译 FlightGear,令主动防撞系统故障,进行防撞系统故障的仿真,过程同上。

第9章 自动驾驶仪故障场景仿真

9.1 飞机自动驾驶仪

自动驾驶仪是一种用来控制飞机轨迹的系统,不需要操作人员进行持续的"手动"控制。自动驾驶仪并不会取代人类驾驶员,而是帮助他们控制飞机,从而使得他们可以将注意力集中在更广泛的操作方面,比如监测轨迹、天气和系统。

9.1.1 自动驾驶仪的功能

自动驾驶仪的基本功能可列举如下:

(1) 自动保持三轴稳定,具体地说,即自动保持偏航角、俯仰角于某一希望角度,滚转角保持为零进行直线飞行(平直飞行、爬高、下滑)。

(2) 驾驶员可以通过旋钮或其他控制器给定任意航向或俯仰角,使飞机自动改变航向并稳定于该航向,使飞机上仰或下俯并保持给定俯仰角。

(3) 自动保持飞机进行定高飞行。

(4) 驾驶员通过控制器操纵飞机自动爬高或俯冲达到某一预定高度,然后保持这一预定高度。

上述所有基本功能都是指自动驾驶仪与飞机处于正常状态的控制功能。辅助功能如下:

(1) 一旦自动驾驶仪的舵机处于卡死或无法操作的状态时,应允许驾驶员具有超控的能力。

(2) 自动回零功能。在投入自动驾驶仪之前,飞机本身处于平直飞行的配平状态,必须让自动驾驶仪的反馈信号与测量元件的总和信号回零,才能避免投入后形成误动作。

(3) 机内测试(built in test,BIT)功能。一种机内自检测功能,在自动驾驶仪的部件及系统中,可设置 BIT 信号,借以检查某部件或全系统工作是否正常。

这种检查可在自动驾驶仪投入前进行。

（4）马赫数配平功能。飞机在跨声速区，升降舵操纵特性有一个正梯度区，从而使操纵特性不稳定，设立马赫数配平系统控制水平安定面，以改善其操纵特性。

9.1.2 自动驾驶仪的分类

自动驾驶仪最常用的分类方法是按控制律来区分。控制律通常是指自动驾驶仪输出的舵偏角与信号的静动态函数关系。按这种分类方法，可分为比例式自动驾驶仪与积分式自动驾驶仪两种；按自动驾驶仪的 3 种主要部件（传感器、计算与放大元件以及舵机）的作动方式来分，可分为气动式（早期应用过）、气动液压式、电动式及电动液压式；按处理信号，实现控制律是采用连续（模拟）信号，还是中间经过数字化再转换成为模拟信号来区分，可分为模拟式与数字式两种。

9.1.3 自动驾驶仪的基本组成

为了保证自动驾驶仪的正常工作，其基本组成部件有如下 3 种：传感器、放大部件与舵机。为了实现所要求的控制律，放大部件实现信号校正和综合。在模拟式自动驾驶仪中，不可能进行十分复杂的计算。发展成为数字式自动驾驶仪之后，具有很强计算功能的计算机，能够实现更为完善的控制律，从而在自动驾驶仪中增加了一个计算机部件。在这同时，伺服放大（模拟）部件与舵机组合成为伺服作动系统。由于计算机功能很强，除完成控制律的计算及按飞行状态调参外，同时还可兼顾机内测试，甚至故障检测与报警等任务。因此，计算机成为当代数字式自动驾驶仪中十分重要的一个分系统。此外，执行测量任务的传感器部件诸如高度差传感器、送出姿态信号的惯性陀螺平台，实际上也都是一些闭环系统。由上可见，自动驾驶仪的基本组成部件为传感器、计算机、伺服放大器与舵机，发展成为传感器分系统、计算机分系统以及伺服作动分系统。

除上述分系统外，还应有一个十分重要的部件就是操纵台（或称为状态选择器、控制显示器）。它是驾驶员与自动驾驶仪交换信息的主要手段。通过它，驾驶员可以发出操纵指令，如爬高、下滑、给定航向、给定高度；自动驾驶仪给驾驶员提供飞行状态信息、故障报告等。

9.1.4 自动驾驶仪原理

自动驾驶仪是一个典型的反馈控制系统，它代替驾驶员控制飞机的飞行。

当飞机作水平直线飞行,受干扰(如阵风)偏离原姿态(如飞机抬头),驾驶员用眼睛观察到仪表板上陀螺地平仪的变化,用大脑做出决定,通过神经系统传递到手臂,推动驾驶杆使升降舵向下偏转,产生相应的下俯力矩,飞机趋于水平。驾驶员又从仪表上看到这一变化,逐渐把驾驶杆收回原位,当飞机回到原水平姿态时,驾驶杆和升降舵面也回到原位。

从图 9-1 看出,这是一个反馈系统,即闭环系统。图中虚线表示驾驶员,如果用自动驾驶仪代替驾驶员控制飞机飞行,自动驾驶仪必须包括与虚线框内 3 个部分相应的装置,并与飞机组成一个闭环系统,如图 9-1 所示。自动飞行的原理如下:飞机偏离原始状态,敏感元件感受到偏离方向和大小,并输出相应信号,经放大、计算处理,操纵执行机构(如舵机),使控制面(如升降舵面)相应偏转。由于整个系统是按负反馈原则连接的,其结果是使飞机趋向原始状态。当飞机回到原始状态时,敏感元件输出信号为零,舵机以及与其相连接的舵面也回到原位,飞机重新按原始状态飞行。由此可见,自动驾驶仪中的敏感元件、放大计算装置和执行机构可代替驾驶员的眼睛、大脑神经系统与肢体,自动地控制飞机的飞行。这三部分是自动飞行控制系统的核心,即自动驾驶仪。

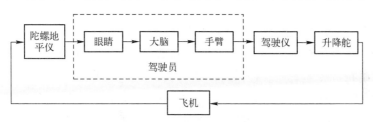

图 9-1　驾驶仪闭环反馈系统

为改善舵机的性能,通常执行机构引入内反馈(将舵机的输出反馈到输入端),形成随动系统(或称伺服回路),简称为舵回路。舵回路是由舵机、放大器及反馈元件组成,如图 9-2 虚线框图内所示。反馈元件包括测速机和/或位置传感器。测速机测出舵面偏转的角速度,反馈给放大器以增大舵回路的阻尼,改善舵回路的性能,位置传感器将舵面位置信号反馈到舵回路的输入端,使舵面偏转角与控制信号成正比。有的舵回路没有位置传感器,则舵面偏转角速度与控制信号一一对应。

自动驾驶仪与飞机组成一个回路。这个回路的主要功能是稳定飞机的姿态,或者说稳定飞机的角运动。敏感元件用来测量飞机的姿态角,由于该回路包含了飞机,而飞机的动态特性又随飞行条件(如速度、高度等)而异。放大计

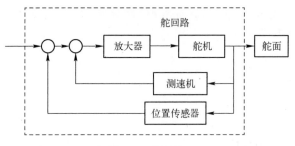

图 9-2 舵回路

算装置对各个传感器信号的综合计算,即控制规律应满足各个飞行状态的要求,并可以设置成随飞行条件变化的增益程序。

如果用敏感元件测量飞机的重心位置,而飞机还包含了运动学环节(表征飞机空间位置几何关系的环节),这样组成的控制回路,简称制导回路。这个回路的主要功能是控制飞行轨迹,如飞行高度的稳定和控制。

9.2 自动驾驶仪故障引发的事故

自动驾驶仪虽然能减轻驾驶员的负担,使飞机完成自动地按一定姿态、航向、高度和马赫数飞行的目的,但并不意味着可以完全解放飞行员。开启自动驾驶时,飞行员还要监控和控制自动驾驶仪、监控引擎状态、监控飞机姿态等,当遇到紧急状况时,还是需要人工操作来解除危险状态,历史上因自动驾驶仪发生故障而引发的事故屡见不鲜。

1994 年 3 月 23 日,从莫斯科飞往香港的俄罗斯航空 593 号航班(空客 310-304)上,在机长离开驾驶舱在客舱休息时,副机长带了他两名年纪分别 15 岁和 12 岁的子女到驾驶舱参观,并让他们坐在机长座位体验驾驶飞机。副机长将飞机调整成自动驾驶模式后,让其儿子操纵飞机,而后由于副机长儿子的操纵过度以及副机长的注意力没有放在正在驾驶飞机的儿子身上,导致飞机自动驾驶功能部分自动解除,但机组乘员并没有发现这一问题,随后飞机开始大幅度转向,随后在机组成员的一系列慌乱的操作中飞机撞向对面的山坡。

1994 年 4 月 26 日,由台北中正国际机场(今桃园机场)飞往名古屋机场的 CI140 班机(空客 300-622R)搭载 271 名乘客及机组人员,在名古屋机场降落时不幸坠毁,造成 264 人死亡,仅有 7 名乘客生还。这起空难原因为副驾驶在手动操纵飞机降落时,误将飞机的复飞模式触发,随后飞行计算机控制水平安定门抬起机头,此时由于当时机组不熟悉该机型的操作模式,认为推驾驶杆会解除复飞模式降下机头,然而自动驾驶仪却将此作为一个有害输入信号,并使机头上仰补偿配平。驾驶员推杆控制升降舵转动,而自动驾驶仪却控制水平安定面反向转动,人与自动驾驶仪的操作产生了矛盾,使飞机的上仰姿态越来越大。当机长发现不能着陆改为复飞时,飞机俯仰姿态迅速增加,速度减少,最后飞机因迎角过大失去升力而失速坠毁。

9.3　飞机自动驾驶仪相关的国内外研究现状

9.3.1　飞机自动驾驶仪设计与仿真

从先进的航空航天技术诞生之初,稳定性和自动化控制就成为一个重要的研究领域,从而为驾驶提供方便的操作和友好的协助。孟加拉国达卡军事科技学院的 M. T. Islam 和 M. S. Alam,设计了一种通用航空飞机纵向自动驾驶仪,并分析所建立的模型在正常条件和大气扰动下的性能。为了提高系统的整体性能、稳定性和克服大气扰动,设计了一种带 PID 控制器的补偿器,并通过 MAT-LAB/Simulink 进行了仿真分析验证。巴西马林加州立大学的 F. Splendor 和 M. N. Almeida 针对 C182 飞机设计了一套自动驾驶系统,并对其进行了仿真,使用 Arduino 板进行半实物仿真,设备之间的通信通过数据通信网络进行,使控制器处理的信息能直接发送到飞行模拟器中所表示的飞行器的控制表面。在此基础上,提出了一种适用于多种飞行条件的自动驾驶仪设计。计算和仿真结果表明,用于自动驾驶系统设计的模型和硬件是可行的,可以保持飞机的稳定。

9.3.2　飞机自动驾驶仪故障诊断

纽约州立大学的 C. Stracquodaine 和 A. Dolgikh,提出了一种保护无人机免受软硬件攻击的综合系统,该系统能直接监视自动驾驶仪,以及无人机操纵系统,以确定恶意软件是否攻击了该无人机。通过机载传感器监视无人机上最低语义级别的事件,用于检测硬件故障以及恶意攻击。使用该异常检测系统对四轴无人机的测试台进行软件攻击测试后,可以看出该系统成功地检测到了自动驾驶仪控制流程的变化,以及无人机计算机上的任何恶意事件。南京航空航天大学的王晨等设计了一种基于故障树的专家系统结构,建立了自动驾驶仪系统的故障树模型和专家诊断知识库,提出了一种基于故障树专家系统的自动驾驶仪系统故障诊断方法,开发了基于该方法的故障诊断实验平台。该方法通过对自动驾驶仪系统故障树模型进行分析,提取故障树最小割集及最小割集重要度,将专家系统作为框架、故障树作为诊断规则,并存入专家系统知识库,运用基于故障树最小割集重要度的推理机,实现故障树与专家系统的交互操作,最后完成诊断并输出结果。

9.3.3　飞机自动驾驶仪故障应对措施

英国伦敦大学学院的 H. Baomar 和 P. Bentley 提出了一种通过模仿人类飞行员来学习处理飞行紧急程序的智能自动驾驶系统,为目前自动飞行控制系统无法处理的飞行不确定的空白提供了潜在解决方案。提出了一种基于仿真的鲁棒学习方法,该方法通过人类飞行员演示飞行模拟器中的学习任务,从中获取训练数据集。然后人工神经网络利用这些数据集自动生成控制模型。控制模型模仿人类飞行员在处理包括发动机故障或着火、被拒绝起飞(RTO)和紧急着陆在内的飞行紧急情况时的技能,而飞行管理程序则根据当前的条件决定要使用哪些神经网络。实验表明,即使只给出有限的算例,该算法也能较准确地处理此类飞行突发事件。

南京航空航天大学的 W. Shuo 和 Z. Ziyang 设计了一种小型固定翼无人机自动驾驶仪的容错控制方案,小型固定翼无人机由南京航空航天大学自主研发,飞行控制系统是基于一个开源的自动驾驶仪(Pixhawk)设计的,同时引入具有较高精度的实时运动学(RTK)GPS。为了提高飞行控制性能,对纵向制导律和横向制导律进行了改进。此外,将基于数据融合的容错控制方案集成到高空控制和速度控制中,解决了小型固定翼无人机常见的高度传感器故障和空速传感器故障问题。最后,通过实际飞行实验对基于容错控制的无人机自动驾驶仪进行了测试。给出了实际飞行测试结果,并对测试结果进行了详细分析,结果表明,基于容错控制的自动驾驶仪能够在包括起飞、爬升、巡航、滑翔、着陆和复飞在内的整个飞行过程中跟踪所需的高度和速度指令。

9.4　JSBSim 中的自动驾驶仪原理

9.4.1　JSBSim 中的自动驾驶脚本

飞行控制系统的设计比较复杂,需要首先了解控制器本身的特性和参数影响关系,然后才能快速地调试出适合的系数。在 JSBSim 中,添加自动驾驶控制器较为方便,使得用户能够集中精力在系数调试和特性研究上。

JSBSim 的一个长期目标是支持自动的、脚本化的飞行。脚本化飞行指的是 JSBSim 以独立模式运行的能力(除了视觉效果),并以稳定的方式飞往各种目标,无论是高度和航向,还是纬度和经度,等等。这是一个非常重要的特性,用途有很多,其中包括 JSBSim 的回归测试、飞机飞行模型性能测试和控制系统开发。

这些特性能够促使一些功能的实现,例如将开关和功能组件、传感器以及与自动驾驶相关的自动驾驶相关的属性集成在一起。

在 JSBSim 中实现自动飞行涉及以下几个文件:

(1) 一个脚本文件指示飞机打开引擎,推进油门,飞向目标航向、高度和/或达到特定速度。脚本文件和处理能力扮演着导航的角色。

(2) 飞机配置文件定义了飞机的属性,包括飞行控制系统和自动驾驶仪的接口(甚至可以包括自动驾驶仪本身)。

(3) 自动驾驶仪定义文件:可以独立定义自动驾驶仪文件,也可以直接包含在飞机配置文件内。

9.4.2 JSBSim 中的自动驾驶的实现——以横向稳定器为例

自动驾驶仪的工作是保持机翼水平、保持飞机航向或高度等状态。为飞机设计自动驾驶仪本身就是一门科学——这里我们忽略自动驾驶仪设计方面的问题,主要关注如何实现并在 JSBSim 中使用它。

例如,我们可以构建一个机翼矫正自动驾驶仪。翼面水平的定义为滚转角为 0(phi=0)。机翼水平的状态会受到很多力的影响,如发动机扭矩、大气湍流、燃油晃动等。为了达到滚转角为 0 的状态(假设一开始不是 0),需要获得一个非 0 的滚转角速率,这将驱使我们向机翼水平状态运动。为了获得非 0 的滚转角速率,则需要获得滚转角加速度,加速度由副翼偏转控制产生。

9.4.2.1 比例控制

第一步是基于滚转角简单地控制副翼偏转。这叫作比例控制,因为输出只是输入乘以一个值——输出与输入成比例(图9-3)。自动驾驶副翼命令被发送到主飞行控制系统,并汇入到副翼控制通道。但是,这种自动驾驶仪设计略有不足,因为它只是简单的放大,是一种开环控制。

此外,必须恰当地选择比例控制的最小值、最大值和 K 值。作为例子,我们将 JSBSim 设置为使用比例控制运行,并查看响应是什么。以下是我们使用的

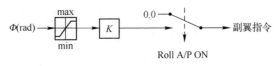

图 9-3 比例控制

自动驾驶仪所对应的代码：

```
<channel name="AP Roll Wing Leveler">

<pure_gain name="ap/roll-ap-wing-leveler">
<input> attitude/phi-rad </input>
<gain>2.0</gain>
<clipto>
<min>-0.255</min>
<max>0.255</max>
</pure_gain>

<switch name="ap/roll-ap-autoswitch">
<default value="0.0"/>
<test logic="AND" value="ap/roll-ap-wing-leveler">
ap/attitude_hold == 1
</test>
</switch>

<pure_gain name="ap/roll-ap-aileron-command-normalizer">
<input>ap/roll-ap-autoswitch</input>
<gain>-1</gain>
</pure_gain>
</channel>
```

以上代码，有几点需要说明。首先，在 ap/roll-ap-wing-leveler 组件中应包括定义"<gain> 1 </gain>"行，但是，对于纯增益组件，默认情况下增益即为1就忽略了。其次，输出的机翼偏转角被限制在±0.255rad(±15°)，这是副翼能偏转的最大角度。最后在 ap/roll-ap-autoswitch 开关组件中，ap/attitude_hold 在功能上表示 Roll A/P ON，与控制流程图中的开关对应。

9.4.2.2　积分控制

在图 9-4 中,上方曲线代表右副翼位置随时间变化的曲线,下方曲线代表飞机滚转角随时间变化的曲线,飞机滚转角与右副翼位置存在一个稳态误差。为了消除稳态误差,可以在控制器中引入积分控制。积分项对于误差的消除效果取决于积分时间,随着时间的增加,积分项会增大。

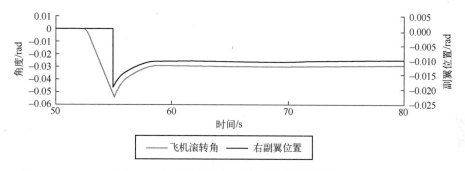

图 9-4　加入比例控制器的横向稳定器响应图

如图 9-5 所示,这张使用比例积分(PI)控制的横向稳定器框图在 JSBSim 中用如下代码实现:

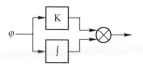

图 9-5　比例积分控制器

```
<channel name="AP Roll Wing Leveler">

<pure_gain name="ap/limited-phi">
<input> attitude/phi-rad </input>
<clipto>
<min>-0.255</min>
<max>0.255</max>
</clipto>
</pure_gain>

<pure_gain name="ap/roll-ap-wing-leveler">
```

```
<input> ap/limited-phi </input>
<gain>2.0</gain>
</pure_gain>

<integrator name="ap/roll-ap-error-integrator">
<input> ap/limited-phi </input>
<c1> 0.125 </c1>
</integrator>

<summer name="ap/roll-ap-error-summer">
<input> ap/roll-ap-wing-leveler</input>
<input> ap/roll-ap-error-integrator</input>
<clipto>
<min>-1.0</min>
<max> 1.0</max>
</clipto>
</summer>

<switch name="ap/roll-ap-autoswitch">
<default value="0.0"/>
<test logic="AND" value="ap/roll-ap-error-summer">
ap/attitude_hold == 1
</test>
</switch>

<pure_gain name="ap/roll-ap-aileron-command-normalizer">
<input>ap/roll-ap-autoswitch</input>
<gain>-1</gain>
</pure_gain>
</channel>
```

运行与之前相同的测试,得到了如下机翼滚转角(phi)和副翼偏转指令随时间变化的曲线图(图9-6)。

添加积分控制后,机翼滚转角与副翼偏转指令的稳态误差可以消除,调整为机翼水平状态。然而,控制曲线的超调量偏大,这是需要改善的地方,可以通

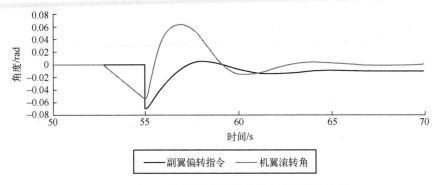

图 9-6　加入比例积分控制器的横向稳定器响应图

过改变积分项和比例项对于控制器的输出的贡献以达到一定程度的优化效果。但是像在湍流中等恶劣情况下,响应可能与预期不同,甚至可能是不稳定的。通常情况下,自动驾驶仪会在恶劣天气下关闭。

9.4.2.3　微分控制

　　我们还可以添加另一种控制,称为微分控制。微分控制动作生成与误差变化率成正比的控制命令。微分控制的功能是通过误差的变化率预报误差信号的未来变化趋势。通过提供超前控制作用,微分控制能使被控过程趋于稳定,最大偏差和余差减小,能加快控制过程,改善控制质量。在横向稳定器的案例中,把前面的比例控制器和积分控制器加进来,得到的控制器就是比例-积分-微分(PID)控制器。

　　利用以上这些增益,可以得到机翼水平调平器,以提供最佳的响应。横向稳定器最终控制系统框图如图 9-7 所示。

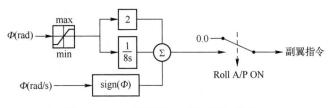

图 9-7　PID 控制器(比例-积分-微分)

在 JSBSim 中表示如下:

```
<channel name="AP Roll Wing Leveler">

<pure_gain name="ap/limited-phi">
```

```
<input> attitude/phi-rad </input>
<clipto>
<min> -0.255 </min>
<max> 0.255 </max>
</clipto>
</pure_gain>


<pure_gain name="ap/roll-ap-wing-leveler">
<input> ap/limited-phi </input>
<gain> 2.0 </gain>
</pure_gain>


<integrator name="ap/roll-ap-error-integrator">
<input> ap/limited-phi </input>
<c1> 0.125 </c1>
</integrator>


<summer name="ap/roll-ap-error-summer">
<input> velocities/p-rad_sec</input>
<input> ap/roll-ap-wing-leveler</input>
<input> ap/roll-ap-error-integrator</input>
<clipto>
<min> -1.0 </min>
<max> 1.0 </max>
</clipto>
</summer>


<switch name="ap/roll-ap-autoswitch">
<default value="0.0"/>
<test logic="AND" value="ap/roll-ap-error-summer">
ap/attitude_hold == 1
</test>
</switch>


<pure_gain name="ap/roll-ap-aileron-command-normalizer">
```

```
<input> ap/roll-ap-autoswitch </input>
<gain> −1 </gain>
</pure_gain>
</channel>
```

从时间的角度讲,比例作用是针对系统当前误差进行控制,积分作用则针对系统误差的历史,而微分作用则反映了系统误差的变化趋势,这三者的组合是"过去、现在、未来"的完美结合。通过以上代码可以得到符合要求的横向稳定器。

9.5　自动驾驶仪故障建模

前面介绍了在 JSBSim 中实现自动飞行主要涉及一个脚本文件、飞机配置文件和自动驾驶仪定义文件。自动驾驶仪定义文件中已经定义好了特定机型的控制律,因此可以直接在脚本文件中引用自动驾驶组件,我们可以在自动飞行脚本文件中加入使自动驾驶仪组件失效的代码,来实现自动驾驶仪故障仿真。

具体操作如下:

1. 编写初始化文件

初始化文件与机型配置文件在同一文件夹中,主要规定了飞机的初始位置(经纬度、高度等),姿态、速度、航向等信息。

2. 编写自动飞行脚本

首先编写飞行器从起飞到巡航阶段的自动飞行脚本,本例采用 C172 飞机从艾灵顿(Ellington)机场起飞,然后开启航向海拔 6000 英尺(1829m)高度的自动驾驶。

3. 注入自动驾驶仪故障设置

在本例中,我们选择让 C172 飞机自动驾驶仪的横向稳定器失效,飞机即会失去横侧稳定性,进而失控发生横滚,最终坠落到地面。我们可以在自动飞行脚本中加入新事件(event)标签,设置触发时间和属性值,就可以令对应的自动驾驶仪组件失效。

```
<event name="autopilot failure">
<description> roll failure </description>
```

```
<condition>simulation/sim-time-sec >= 50 </condition>
<set name="ap/autopilot-roll-on" value="0"/>
</event>
```

以上代码表示事件在第 40s 触发,其中 ap/autopilot-roll-on 表示设置飞行自动驾驶仪中的横向稳定器,value=0 代表让其失效。

9.6　自动驾驶仪故障仿真

9.6.1　自动驾驶仪故障场景仿真步骤

（1）首先打开 FlightGear,选择要进行失效仿真的对应机型,机型可以从官网下载,然后将压缩文件解压到 FlightGear/data/aircraft 文件中,即可在 FlightGear 的机型页面看到对应机型。

（2）打开 FlightGear 设置界面,输入命令行:

```
--native-fdm=socket,in,30,,5508,udp
--fdm=external
```

（3）点击 FlightGear 的"Fly! 按钮"进入 FlightGear 仿真场景,初始界面为所选机型和机场。

（4）编写 JSBSim 带自动驾驶仪故障的自动飞行脚本 xxx. xml,将其放入 JS-BSim/scripts 脚本文件夹中。

（5）将 JSBSim 路径中的 data-output 文件夹中名为 flightgear. xml 的文件中的"port"端口值修改为 5508,与 FlightGear 设置界面中的接收值保持一致,保证 JSBSim 与 FlightGear 之间的通信。

（6）打开系统命令执行程序,指定 JSBSim 路径,运行 JSBSim,输入命令行:

```
<path>\JSBSim. exe
--realtime
  data_output/flightgear. xml
--script=scripts/xxx
```

第一行为运行 JSBSim 的指令,其中<path>表示 JSBSim 所在的路径;第二行 --realtime 表示以正常的运行时间来运行飞行仿真脚本;第三行表示 JSBSim 输出配置文件的路径,JSBSim 运行时按照配置文件 flightgear. xml 中的格式输出到可视化飞行仿真软件 FlightGear 中,从而实现场景可视化仿真;第三行为读取飞行脚本指令,其中 scripts 为脚本所在文件夹,xxx 为脚本文件名称。

(7) 随着 JSBSim 的运行,可以看到 FlightGear 中视景仿真的开始,系统命令执行程序界面显示实时飞行参数,而记录完整飞行过程的 CSV 文件则保存在 JSBSim 文件夹中。

9.6.2 自动驾驶仪故障场景仿真结果

自动驾驶仪故障场景仿真主要经历飞机按照配置文件正常飞行、飞行过程中自动驾驶仪故障和失控坠毁 3 个过程,如图 9-8、图 9-9、图 9-10 所示分别为飞机正常飞行爬升,飞行过程中自动驾驶仪故障、飞机失去横侧稳定性、飞机向右侧横滚,飞机最终失控坠毁在地面的 FlightGear 仿真截图。

图 9-8　飞机正常爬升的 FlightGear 仿真图

9.6.3 自动驾驶仪故障仿真飞行参数的获取与处理

飞行参数的获取与前面的章节基本一致,基于 FlightGear 和 JSBSim 构建仿真环境,注入自动驾驶仪故障,能够实现基于 FlightGear 和 JSBSim 的飞行控制系统联合失效场景仿真,获得 CSV 数据文件,将 CSV 文件导入 MATLAB 中,再利用 MATLAB 中的绘图工具,可以获得自动驾驶仪故障前后飞行器的高度、速度、姿态随时间变化的曲线。

图 9-9　飞机自动驾驶仪故障的 FlightGear 仿真图

图 9-10　飞机失控坠毁的 FlightGear 仿真图

图 9-11 为自动驾驶仪故障前后飞行器的高度、速度和滚转角随时间变化的曲线。可见在 40s 时,由于横向稳定器失效,导致飞机失去横侧稳定性,发生横滚之后失去平衡,最终坠落,在 40s 后飞机高度急剧下降,最终在 50s 左右,飞机坠向地面。速度的变化主要是在飞机开车和起飞爬升阶段随着时间而逐渐加快,在飞机巡航阶段,速度较为稳定;自动驾驶仪失效后,由于经历横滚过程,飞机速度变化不是很明显,但是在横滚一段时间后,飞机失去平衡坠向地面的时候,速度发生急剧变化。在自动驾驶仪故障前,飞机滚转角都没有过大变化,

在 40s 自动驾驶仪故障时,飞机滚转角开始增大,最终滚转角超过 60°,飞机失去平衡,最终坠落,该曲线能很好地反映横向稳定器失效前后飞机的姿态变化。

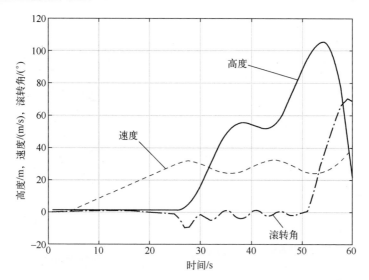

图 9-11　自动驾驶仪故障的飞机高度、速度和滚转角变化曲线

除此之外,利用 JSBSim 中的 position 属性,可以通过 MATLAB 将飞行轨迹绘制出来,position 中的 position/distance-from-start-lat-mt 属性表示当前位置距离起始飞行位置的纬度距离,将其作为飞行轨迹曲线的横轴;position 中的 position/distance-from-start-lon-mt 属性表示当前位置距离起始飞行位置的经度距离,将其作为飞行轨迹曲线的纵轴;Position 中的 position/h-agl-ft 属性表示相对地面高度(above ground level),并将其通过 JSBSim 中 scripts 文件夹的 "unitconversions. xml" 脚本中的 "convert-ft-To-m" 函数将高度单位转换成 "米",然后将其作为飞行轨迹曲线的竖轴,即可绘制出三维飞行轨迹曲线。

利用 MATLAB 中三维图形函数 plot3,它能将二维绘图函数 plot 的有关功能扩展到三维空间,可以用来绘制三维曲线。其调用格式为

$$plot3(x1,y1,z1,,x2,y2,z2,\cdots)$$

在本例中需要在 MATLAB 命令行中输入以下命令:

```
>>plot3(x,y,z)
>> grid on
>>view(51. 88,38. 56)
>>view(-40. 59,25. 61)
```

　　图 9-12 为从不同观察视角得到的自动驾驶仪故障飞行轨迹图,从三维飞行轨迹图中可以看出飞机先是发生右侧横滚,之后失去稳定性坠向地面的。

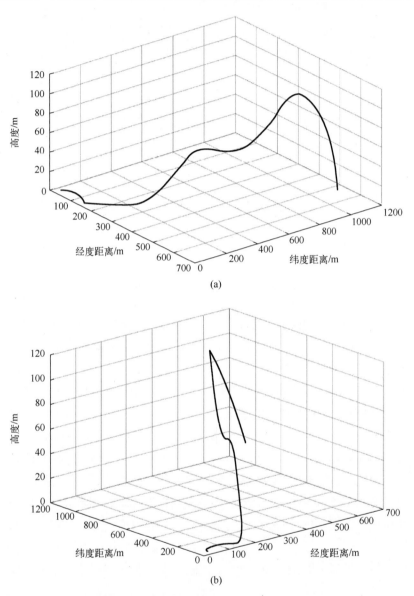

(a)

(b)

图 9-12　自动驾驶仪故障的飞行轨迹图(不同视角)

第10章　导航系统故障场景仿真

10.1　飞机导航系统

飞机导航系统是可以确定飞机的位置并引导飞机按预定航线飞行的整套设备(包括飞机上的和地面上的设备)。

10.1.1　发展概况

早期的飞机主要靠目视导航。20世纪20年代开始发展仪表导航。飞机上有了简单的仪表,靠人工计算得出飞机当时的位置。30年代出现无线电导航,首先使用的是中波四航道无线电信标和无线电罗盘。40年代初开始研制超短波的伏尔导航系统和仪表着陆系统(见《无线电控制着陆》)。50年代初的惯性导航系统用于飞机导航。50年代末出现多普勒导航系统。60年代开始使用远程无线电罗兰C导航系统,作用距离达到2000km。为满足军事上的需要还研制出塔康导航系统,后又出现伏尔塔克导航系统及超远程的奥米加导航系统,作用距离已达到10000km。1963年出现卫星导航,70年代以后发展全球定位导航系统。

10.1.2　导航方法

导航的关键在于确定飞机的瞬时位置。确定飞机位置有目视定位、几何定位和航位推算3种方法。

1. 目视定位

目视定位是最早的一种航空导航定位方法,是在飞机上由驾驶员根据大于或等于测量任务比例尺的地图上设计的航线,对照飞机下方实际地形地貌,知道飞机按设计航线飞行,并将实际航迹标在地形图上,同时标注在航测记录上的方法。

2. 几何定位

几何定位是以某些位置完全确定的航路点为基准,测量出飞机相对于这些航路点的几何关系,最后定出飞机的绝对位置。以某航路点为基准确定飞机相对于航路点的位置,从而定出飞机的位置线(即某些几何参数如距离、角度保持不变的航迹)。再确定飞机相对于另一航路点的位置,定出另一条位置线。两条位置线的交点就是飞机所在的位置。

3. 航位推算

航位推算是根据已知的前一时刻飞机位置和测得的导航参数推算当时飞机的位置。例如根据测出的真实空速和飞机的航向,在给定风速和风向条件下利用航行速度三角形计算出地速(见飞行速度、仪表导航),再把地速对时间进行积分,代入起始条件——前一时刻的位置,即可得到当时的飞机位置。多普勒雷达能直接测出地速和偏流角,经过积分也可得到飞机的位置。惯性导航实质上也是进行航位推算,由惯性元件测得加速度,经过两次积分得到位置信息。航位推算是近代导航的主要方法,利用这种方法的导航系统只依靠飞机上的仪器而与外界无关,且不易受无线电干扰,可进行全球导航。

10.1.3 导航系统分类

飞机导航系统按照工作原理的不同可分为多种。

(1)仪表导航系统:利用飞机上简单仪表所提供的数据通过人工计算得出各种导航参数。这些仪表是空速表、磁罗盘、航向陀螺仪和高度表等。后来由人工计算发展为自动计算而有了自动领航仪。各种简单仪表也逐渐发展成为航向姿态系统和大气数据计算机等。

(2)无线电导航系统:利用地面无线电导航台和飞机上的无线电导航设备对飞机进行定位和引导。无线电导航系统按所测定的导航参数分为5类:测角系统,如无线电罗盘和伏尔导航系统;测距系统,如无线电高度表和测距器(DME);测距差系统,即双曲线无线电导航系统,如罗兰C导航系统和奥米加导航系统;测角测距系统,如塔康导航系统和伏尔-DME系统;测速系统,如多普勒导航系统。作用距离在400km以内的为近程无线电导航系统,达到数百万米的为远程无线电导航系统,1万km以上的为超远程无线电导航系统和全球定位导航系统。全球定位导航则借助于导航卫星。此外,利用定向和下滑无线电信标可组成仪表着陆系统。无线电导航又有陆基导航和星基导航两种。

陆基导航依靠的是台站与台站之间的相对位置,由一个台站到另一个台站。譬如由无方向信标(NDB)到NDB或由甚高频全向信标(VOR)到VOR或NDB与VOR之间。

星基导航依赖的是一系列航路点的精确位置,它的主要特征是任一点的坐标化。所使用的导航设施有:DME-DME、VOR-DME、全球定位系统(GPS)、格洛纳斯卫星导航系统(GLONASS)、北斗卫星导航系统(BDS)等。全球卫星导航系统(GNSS)是星基导航系统的核心。它主要包括美国国防部掌握的 GPS、苏联从 20 世纪 80 年代开始建设现在由俄罗斯空间局管理的 GLONASS、欧盟研制和建立的伽利略卫星导航系统(GALILEO),以及中国自主研发、独立运行的BDS。GPS 是目前应用最广泛的卫星导航系统,但在航空应用方面却受到了技术和政策的干扰,在纯民用的卫星导航系统投入使用前,用户还没有自主选择的空间,所以使用的还是惯性导航系统(INS)与 GPS 的组合,也就是全球定位惯性基准系统(GPIRS)。

(3)惯性导航系统:利用安装在惯性平台上的 3 个加速度计测出飞机沿互相垂直的 3 个方向上的加速度,由计算机将加速度信号对时间进行一次和二次积分,得出飞机沿 3 个方向的速度和位移,从而能连续地给出飞机的空间位置。测量加速度也可不采用惯性平台,而把加速度计直接装在机体上,再把航向系统和姿态系统提供的信号一并输入计算机,计算出飞机的速度和位移,这就是捷联式惯性导航系统。

(4)天文导航系统:以天体(如星体)为基准,利用星体跟踪器测定水平面与对此星体视线间的夹角(称为星体高度角)。高度角相等点构成的位置线是地球上的一个大圆。测定两个星体的高度角可得到两个大圆,它们的交点就是飞机的位置。

(5)组合导航系统:由以上几种导航系统组合起来所构成的性能更为完善的导航系统。

10.1.4 导航设备

1. 飞机场终端区导航设备

航台着陆引导设施。飞机接收导航台的无线电信号,进入飞机场区,对准跑道中心线进近着陆。

全向信标/测距仪台(VOR/DME)。它除了可用在航路上作为导航设备外,也可用作机场终端区导航设备。

仪表着陆系统(ILS)。它是 20 世纪 70 年代国际上通用的着陆引导设备。由航向台(LOC)、下滑台(G/P)、外指点标台(OM)、中指点标台(MM)和内指点标台(IM)组成。航向台向飞机提供航向引导信息;下滑台向飞机提供下滑道引导信息;外、中、内指点标台则分别向飞机提供飞机距跑道入口距离的信息。

地面指挥引进系统。由飞机场监视雷达(ASR)和精密进近雷达(PAR)组成。

微波着陆系统。由方位引导仰角引导和拉平仰角引导等设备组成。

2. 航路导航设备

中长波导航台(NDB)。它是设在航路上,用以标出所指定航路的无线电近程导航设备。

全向信标/测距仪台(VOR/DME)。全向信标和测距仪通常合建在一起。全向信标给飞机提供方位信息;测距仪则给飞机指示出飞机距测距仪台的直线距离。

塔康(TACAN)和伏尔塔康(VORTAC)。塔康是战术导航设备的缩写,它将测量方位和距离合成为一套装置。塔康和全向信标合建,称伏尔塔康。其方位和距离信息,也可供民用飞机的机载全向信标接收机和测距接收设备接收;军用飞机则用塔康接收设备接收。

罗兰系统(LORAN)远距导航系统。20世纪80年代航空上使用的主要是"罗兰-C"。"罗兰-C"系统由1个主台和2~4个副台组成罗兰台链。

奥米加导航系统(OMEGA)。它和"罗兰-C"一样,是一种远程双曲线相位差定位系统。罗兰系统和奥米加导航系统不是一个飞机场的导航设施,而是半个地球的甚至是全球性的导航设施。

10.1.5 导航原理

导航信息的准确对于保障飞机安全可靠地飞行具有重要作用,现代大型飞机的导航系统主要是以惯性导航系统、GPS导航系统、无线电导航系统为主的综合导航系统。

10.1.5.1 惯性导航

惯性导航系统(inertial navigation system,INS)也称作惯性参考系统,是一种不依赖于外部信息、也不向外部辐射能量(如无线电导航)的自主式导航系统。其工作环境不仅包括空中、地面,还可以在水下。惯性导航的基本工作原理是以牛顿力学定律为基础,通过测量载体在惯性参考系的加速度,将它对时间进行积分,且把它变换到导航坐标系中,就能够得到在导航坐标系中的速度、偏航角和位置等信息。

惯性导航系统属于推算导航方式,即从一已知点的位置根据连续测得的运动体航向角和速度推算出其下一点的位置,因而可连续测出运动体的当前位置。惯性导航系统中的陀螺仪用来形成一个导航坐标系,使加速度计的测量轴稳定在该坐标系中,并给出航向和姿态角;加速度计用来测量运动体的加速度,经过对时间的一次积分得到速度,速度再经过对时间的一次积分即可得到位移。

惯性导航的优点显而易见,它不受外界电磁干扰,相对精度较高;可全天候全时间地工作于各种环境;能提供位置、速度、航向和姿态角数据,所产生的导航信息连续性好且噪声低;有很好的短期精度和稳定性。但它的导航信息经过积分产生,故误差随时间而积累,长期精度差;加温时间和初始校准时间也较长,且成本昂贵,因此惯性导航系统有其自身的局限性。

10.1.5.2　无线电导航

除惯性导航这类不依赖于外部信息的自主式导航方式,还有依赖外部信标台、卫星或其他发射台站等无线电手段的非自主式导航方式,当前常用的无线电导航方式主要有两种,一种是无方向信标(NDB)与飞机的自动定向机(ADF)组成的系统,另一种是甚高频全向信标(VOR)和测距机(DME)组成的系统。

1. 无方向信标(NDB)与自动定向机(ADF)

无方向信标(NDB)是设置于地面上的送讯装置,和飞机上的自动定向机(ADF)协同工作完成飞机的导航。其主要原理是通过测定飞机与无线电信标的相对方位角来确定飞机的位置,它能测量飞机纵轴方向(航向)到地面导航台的相对方位角,如图 10-1 所示,并显示在方位指示器上,而一般现代飞机上都装有两部自动定向机,在使用中将它们分别指向不同的无线电信标台,就可以得到针对两个无线电信标台的相对方位角,如图 10-2 所示,两部自动定向机所测得的相对方位,分别显示在同一个指示器(无线电磁指示器)上,根据这两个相对方位角可以在地图上画出飞机对无线电信标台的两条相交的位置线,两条位置线的交点便是飞机的位置,通过这种方法即可确定飞机位置。

2. 甚高频全向信标系统(VOR)与测距机(DME)

甚高频全向信标系统(very high frequency omnidirectional range,VOR)是一种用于航空的无线电导航系统,其工作频段为 108.00~117.95MHz 的甚高频段,故此得名。VOR 会发送两个信号:一个信号是相位固定的基准信号,360°发射;另外一个信号是相对基准信号有"相变"的信号,相位围着信标台的圆周角度是连续变化的,各个角度发射的信号相位都是不同的,从 0°~360°,相变一次增加,飞机上的设备接收到这两个信号,经过对比就知道自己的方位了。

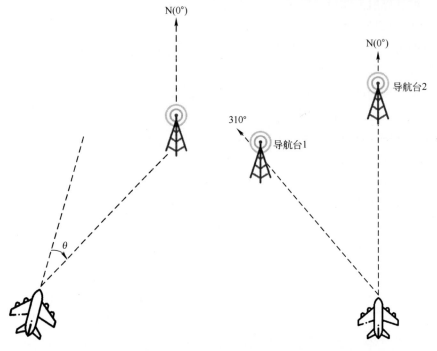

图 10-1　相对方位角示意图　　　图 10-2　自动定向机(ADF)导航原理示意图

测距机(distance measure equipment,DME)是通过无线电测量飞行器到导航台距离的一种装置,它通常与 VOR 地面台安装在一起,两者相结合就构成了标准的国际民航组织审定的近距导航系统。其工作原理是:机载设备发射一个脉冲信号,地面设备接收到该信号后返回给机载设备一个应答信号。机载设备根据发射信号和接收到应答信号的时间差,就可以结合无线电波的速度算出飞行器与地面台站的距离。这样通过 VOR 给出的方位角和 DME 给出的距离,就可以确定飞机的当前位置。

针对上述无线电导航技术,归纳出以下优缺点:

优点:不受时间、天气限制,精度高,作用距离远,定位时间短,设备简单可靠,无多值,用途广;

缺点:无线电导航有先天性缺点,那就是它必须辐射和接收无线电波,因而易被发现和干扰;对导航台或信标台的依赖较大,一旦导航台或信标台失效,飞机就无法导航定位,地面设备的位置选择和维护需要投入很多精力。

10.1.5.3　全球定位系统导航

全球定位系统(GPS)是美国从 20 世纪 70 年代开始研制,历时 20 年,耗资 200 亿美元,于 1994 年全面建成。GPS 是利用导航卫星进行测距的全球定位系统。整个 GPS 分为三部分,包括空间卫星部分、地面监控部分和用户接收机。GPS 卫星在空中连续发送带有时间和位置信息的无线电信号,供 GPS 接收机接收。由于传输的距离因素,接收机接收到信号的时刻要比卫星发送信号的时刻延迟,通常称之为时延,因此,可以通过时延来确定距离。GPS 的空间卫星星座由 24 颗卫星组成,包括 3 颗备用卫星,卫星分布在 6 个轨道平面上,每个轨道平面分布有 4 颗卫星,每颗卫星每天约有 5h 在地平线上,同时位于地平线以上的卫星个数,随时间和地点的不同有差异,最少 4 颗,最多可以达到 11 颗,这种卫星配置方式保障了在地球任何地区、任何时间都至少可以观测到 4 颗卫星,这样就能保证 GPS 定位的全球性、全天候和连续实时。

GPS 具有全球全天候定位、定位精度高、观测时间短、仪器操作简便和可提供全球统一的三维地心坐标等优点。GPS 卫星的数目较多,且分布均匀,保证了地球上任何地方、任何时间至少可以同时观测到 4 颗 GPS 卫星,确保实现全球全天候连续的导航定位服务。只要能接收到 4 颗卫星的定位信号,就可以进行误差在 15m 以内的定位。虽然 GPS 在导航、定位、测速、定向方面有着广泛的应用,但其也有相应缺点,关于 GPS 的缺点有信号干扰、黑客程序的攻击和电子诱骗等。其中信号干扰会导致信号中断或接收错误的信号从而导致定位的错误,由于其信号常被地形、地物遮挡,导致精度大大降低,其信号可用性仅为 60%,有时甚至不能使用。系统确定位置受气候、电离层、对流层、空气、电磁波等因素的影响会存在偏差,同时受到建筑物的反射影响也较大。一些黑客程序的攻击,会让 GPS 信息系统失效,或产生错误的定位信息。电子诱骗使得发射错误的时间信号或错误的坐标位置导致灾难事故的发生,这些缺陷都会使 GPS 定位无法正常工作,带来不可估量的灾难。

各种导航系统的对比如表 10-1 所列。

表 10-1　各种导航系统的对比表

导航系统	原　　理	优　　点	不　　足
惯性导航系统	从一已知点的位置根据连续测得的运动体航向角和速度推算出其下一点的位置,因而可连续测出运动体的当前位置	不受外界干扰;相对精度较高;环境局限性小;有很好的短期精度和稳定性	误差随时间而积累,长期精度差;加温时间和初始校准时间也较长;且成本昂贵

(续)

导航系统	原 理	优 点	不 足
无线电导航系统	通过接收导航台/信标台发出的信号,确定当前飞机与导航台的相对方位角,从而确定方向,再确定到导航台/信标台的距离,或与另一导航台/信标台的相对方位角即可确定当前飞机位置	不受时间、天气限制,精度高,作用距离远,定位时间短,设备简单可靠,无多值,用途广	必须辐射和接收无线电波,因而易被发现和干扰;对导航台或信标台的依赖较大,一旦导航台或信标台失效,飞机就无法导航定位,地面设备的位置选择和维护需要投入很多精力
全球定位系统	利用 24 颗导航卫星进行测距的全球定位系统,主要包括空间卫星部分、地面监控部分和用户接收机,测量出已知位置的卫星到用户接收机之间的距离,然后综合多颗卫星的数据就可知道接收机的具体位置	全球全天候定位,定位精度高;观测时间短;仪器操作简便;可提供全球统一的三维地心坐标	信号受到气候、电离层、对流层、空气、电磁波等因素的干扰;建筑物的反射作用;黑客程序的攻击;电子诱骗

由此可见,不同的导航系统具有各自的优势和不足,因此航空领域通常采用惯性导航、无线电导航和全球定位系统导航等几种导航方式组合使用的方式,从而提高导航精度和可靠性,保障飞行安全。

10.2 导航系统故障引发的事故

2007 年 1 月 1 日,印度尼西亚亚当航空 574 号班机在印度尼西亚爪哇岛泗水起飞,预定飞往苏拉威西岛万鸦老,该飞机是一架波音 737-4Q8。在起飞 1h58min 后,该航班于苏拉威西岛南部的马卡萨的航空交通管制的雷达屏幕上消失,后得知航班在途中坠毁。2008 年 3 月 25 日,调查裁定,飞机失事主因是机上的导航设备发生故障,导致其后机员一连串的判决失误。当飞机于 35000 英尺巡航时,机员开始专注于处理机上的惯性导航系统(IRS)故障。由于该仪器故障导致飞机偏离航道,机长解除自动驾驶系统,但解除自动驾驶系统却导致飞机的人工地平线短暂停止运作,飞行员未能及时发现飞机缓慢向右滚转,结果飞机倾侧角度过大并令机上警报响起。尽管滚转角超过了 35°,但飞行员依然没有发现异样,因此没有及时修正机翼平衡及尝试重新控制客机。机员未能及时发现飞机飞行姿态出现问题的原因,可能是他们专注于解决仪器问题,而且当时天气恶劣,有暴风雨及雷暴,令机员没法留意机外环境去判断飞机当时的飞行姿态。这架飞机于通话中断时,向下俯冲的速度达到接近音速的490kn,超过了飞机的最高俯冲速度(400kn)。最后飞机在黑匣子记录结束前20s,终于承受不了设计上限,而在坠海前解体。

调查还发现,机上的惯性导航系统的问题一直存在。虽然该问题已经在他们的波音 737 机队上反复出现了 3 个多月,可是航空公司并无跟进。在事故发生前,飞机的自动驾驶系统依据惯性导航系统给予的错误信息,导致飞机严重偏离航道。调查员还发现事故发生时正副机长在处理 574 号班机的问题上,都有明显的失误。该航空公司为求降低成本,对飞行员的训练也有所欠缺,直接导致 574 号班机的机员在应付飞机一连串问题时接连失误。

造成此次事故的原因是多方面的,飞机导航系统失效是事故发生的直接因素,而航空公司对于飞机故障的忽视和失效发生时飞行员的不当处置也是导致事故发生的重要因素,如果飞行人员能在事故发生前接受相应的训练,或者在模拟机上针对该类型故障进行过处理,则或许能够在事故发生时沉着应对,按照正确的规章程序处理飞机,那么惨剧将不会酿成,由此可见飞行失效仿真的重要性。

10.3　飞行导航系统相关的国内外研究现状

10.3.1　飞行导航系统建模与仿真

北京卫星导航中心的王磊等,根据无人机的飞行特点以及 SINS 和 GPS 的优缺点,利用轨迹发生器设计无人机的飞行轨迹,建立基于 SINS/GPS 的无人机组合导航系统,依据卡尔曼滤波的相关原理对系统进行数学建模和计算仿真,验证无人机 SINS/GPS 组合导航系统的可靠性。伦敦帝国理工大学的 U. I. Bhatti 和 W. Y. Ochieng 研究了 GPS/INS 集成体系结构、相应的失效模式以及用于保护用户免受此类失效模式影响的传感器级完整性算法。对各种失效模式进行了详尽的文献综述。然后根据它们的特性将它们分组,并为每组指定一个数学(故障)模型。为了分析故障,开发了一个典型飞机轨迹的仿真,包括从 GPS 和 INS 生成原始测量数据的能力。通过对飞机的 GPS 和 INS 仿真测量,对现有的完整性算法进行了性能评价。开发了一种基于检测典型测试统计数据的增长率的新算法。最后利用实际 GPS 和 INS 数据对算法进行了验证,证明该方法提供了一种检测 GPS/INS 故障的新方法。

10.3.2 飞行导航系统故障诊断

法国科学研究中心的 Rabbah Fellouah 等,提出一种基于神经结构的飞机异常行为检测方法,飞机的惯性位置显示为其飞行制导动力学的差分平面输出,由于这种差分平整度特性是隐式的,因此引入神经网络来处理制导动力学的反演问题。该神经网络结构简单且训练良好,能够实时生成标称姿态角和发动机状态的估计。这些估计可以与实际飞行参数进行比较,用于发现飞行异常行为。乌克兰国立航空航天大学的 O. Solomentsev 和 M. Zaliskyi,研究了导航系统故障相关向量的数学建模问题。考虑了二维分布情况下的建模问题,该分布与事件相对应,只有导航系统的两个结构单元同时发生故障,整个导航系统才会发生故障。介绍了指数相关场形成的几种方法,模型结果可用于根据控制诊断变量的条件来设计运行策略,确定预防性维修的最优时间间隔。

10.3.3 飞行导航系统故障应对措施

为提高航天运载火箭导航系统的可靠性,东京科技大学的 M. Hassani 和 J. Roshanian 提出了一种先进的故障恢复策略。该策略包含故障检测功能,能够针对航天运载火箭导航系统中的常见故障对系统进行重新配置。基于飞行器偏航和俯仰通道的对称动态特性,构建了故障恢复系统,能将常规导航故障作为软传感器进行检测和重构。针对俯仰通道传感器失效问题,采用递归工具变量法确定了飞行器偏航通道的自回归外生模型。摘要基于航天运载火箭在偏航和俯仰通道中的对称特性,将偏航通道的自回归外生模型替换为俯仰通道的动态模型,构造了俯仰速率陀螺仪输出,为导航提供容错解决方案。利用特定的导航故障对某型航天运载火箭的非线性模型进行了仿真,仿真结果验证了该系统的可行性。仿真结果和灵敏度分析表明,该方法对传感器故障具有较好的估计效果。乌克兰国立理工大学的 O. Chumachenko 和 V. Gorbatiuk,利用遗传算法、模糊规则和神经网络建立了预测无人机导航系统故障风险的新算法。该方法结合了模糊规则和神经网络的可解释性、学习能力等优点,并利用遗传算法构造了模糊规则的初始集。

10.4　JSBSim 中航路点导航系统建模

JSBSim 中的飞行控制模型是完全可配置的,其中包括许多组件,这些组件可以串在一起来模拟特定的控制律。其中一些飞机的各种自动飞行能力已经被建模,用于测试飞机在 FlightGear 或其他模拟器中的响应。

这里我们研究如何建立一个航路点导航系统(waypoint navigation system, WNS),用户通过输入经纬度坐标(以弧度为单位),使飞机飞往这些经纬度坐标所确定的航路点。JSBSim 团队开发了一种基于半正矢公式(Haversine formulas)的算法:

$$\Delta\text{lat} = \text{lat}_2 - \text{lat}_1 \tag{10-1}$$

$$\Delta\text{long} = \text{long}_2 - \text{long}_1 \tag{10-2}$$

$$a = \sin^2\left(\frac{\Delta\text{lat}}{2}\right) + \cos(\text{lat}_1)\cos(\text{lat}_2)\sin^2\left(\frac{\Delta\text{lat}}{2}\right) \tag{10-3}$$

$$c = 2\arctan\sqrt{\frac{a}{1-a}} \tag{10-4}$$

$$d = R \cdot c \tag{10-5}$$

$$\phi = \arctan\left[\frac{\sin(\Delta\text{long})\cos(\text{lat}_2)}{\cos(\text{lat}_1)\sin(\text{lat}_2) - \sin(\text{lat}_1)\cos(\text{lat}_2)\cos(\Delta\text{long})}\right] \tag{10-6}$$

该算法用于通过起点和终点经纬度计算起点和终点间的距离,式(10-7)中的 lat_1 表示起点纬度,lat_2 表示终点纬度,Δlat 表示起点和终点纬度差;式(10-8)中的 long_1 表示起点经度,long_2 表示终点经度,Δlong 表示起点和终点的经度差;式(10-9)中的 a 表示起点和终点间的圆心角半正矢值,式(10-10)中的 c 表示起点和终点间的圆心角;式(10-11)中的 d 表示起点和终点的球面距离,R 表示地球半径;式(10-12)中的 ϕ 表示从起点飞往终点的航向角。

在默认的 JSBSim CVS 发行版中,C310 飞机目录中确实存在一个自动驾驶文件 C310ap. xml,该文件为测试 C172 飞机模型而开发的自动驾驶仪功能的修改版本。C310ap. xml 文件中包含航向保持、机翼水平保持和高度保持功能。航路点导航系统计算一个应该飞行到的航向,它可以为现有的航向保持自动驾驶仪提供正确的航向。

实现航路点导航的第一步是在 C310ap. xml 文件中添加一组计算,这组计算将计算到指定的路径点的航向。首先,需要进行一些初步的计算:纬度距离和经度距离。这些在 JSBSim-ML 中的定义如下所示:

```
<fcs_function name="fcs/delta-lat-rad">
<! -- Delta latitude in radians -->
<function>
<difference>
<property>ap/wp_latitude_rad</property>
<property>position/lat-gc-rad</property>
</difference>
</function>
</fcs_function>
<fcs_function name="fcs/delta-lon-rad">
<! -- Delta longitude in radians -->
<function>
<difference>
<property>ap/wp_longitude_rad</property>
<property>position/long-gc-rad</property>
</difference>
</function>
</fcs_function>
```

JSBSim 中定义的由地心开始测量的纬度和经度的属性如下：

- position/lat-gc-rad
- position/long-gc-rad

目标(航路)点的纬度和经度属性如下：

- ap/wp_latitude_rad
- ap/wp_longitude_rad

上面的函数定义在运行时创建了新的属性，表示导航点位置和实际位置之间的距离差，即纬度差和经度差。创建的距离差新属性表示如下：

- fcs/delta-lon-rad
- fcs/delta-lat-rad

上述两个属性值分别为表示式(10-1)和式(10-2)的代码实现。从当前位置到所需位置(航路点)的实际航向由式(10-6)的解给出。在 JSBSim-ML 中表示为：

```
<fcs_function name="fcs/heading-to-waypoint-rad">
```

```
<function>
<atan2> <! -- atan2 (deltaY, deltaX )-->
<product>
<sin><property>fcs/delta-lon-rad</property></sin>
<cos><property>ap/wp_latitude_rad</property></cos>
</product>
<difference>
<product>
<cos><property>position/lat-gc-rad</property></cos>
<sin><property>ap/wp_latitude_rad</property></sin>
</product>
<product>
<sin><property>position/lat-gc-rad</property></sin>
<cos><property>ap/wp_latitude_rad</property></cos>
<cos><property>fcs/delta-lon-rad</property></cos>
</product>
</difference>
</atan2>
</function>
</fcs_function>
```

下一步是计算从当前位置到航路点的距离。还需要对式(10-3)和式(10-4)进行额外的初步计算。式(10-3)在 JSBSim-ML 中实现如下：

```
<fcs_function name="fcs/wp-distance-a">
<function>
<sum>
<pow>
<sin>
<quotient>
<property>fcs/delta-lat-rad</property>
<value>2.0</value>
</quotient>
</sin>
<value>2</value>
```

```
</pow>
<product>
<cos>
<property>position/lat-gc-rad</property>
</cos>
<cos>
<property>ap/wp_latitude_rad</property>
</cos>
<pow>
<sin>
<quotient>
<property>fcs/delta-lon-rad</property>
<value>2.0</value>
</quotient>
</sin>
<value>2.0</value>
</pow>
</product>
</sum>
</function>
</fcs_function>
```

在 fcs_function 定义中结合了式(10-4)和式(10-5),在 JSBSim-ML 中实现如下,距离以英尺计算,因为半径以英尺为单位。

```
<fcs_function name="fcs/wp-distance">
<function>
<product>
<value>2.0</value>
<atan2>
<pow>
<property>fcs/wp-distance-a</property>
<value>0.5</value>
</pow>
<pow>
```

```
<difference>
<value>1. 0</value>
<property>fcs/wp-distance-a</property>
</difference>
<value>0. 5</value>
</pow>
</atan2>
<! -- 21144000 is the Earth's radius in feet -->
<value>21144000</value>
</product>
</function>
</fcs_function>
```

最后,还需要添加 3 个简短的组件定义来实现航路点导航。第一个组件为 summer 组件,summer 组件能将偏差添加到 fcs/heading-to-waypoint-rad 属性中的航向命令中,以便在下一步中使用。第二个组件为 switch 开关组件,switch 组件规定了 heading-to-waypoint-rad 命令的实现条件,如果 heading-to-waypoint-rad 值为正,则开关组件将 heading-to-waypoint-rad 属性指定的值作为其输出值。否则,该开关将使用开关中指定的默认值,即在 summer 组件中计算过的 fcs/heading-to-waypoint-positive。由此保证开关的输出是弧度为正的航向命令。这 3 个组件中的最后一个组件将前面计算的开关输出作为输入,并将其乘以 57.3,从而将以弧度为单位的航向指令转换为以度为单位的 heading 命令。

```
<summer name = " fcs/heading-to-waypoint-positive" >
<input> fcs/heading-to-waypoint-rad </input>
<bias> 6. 283 </bias>
</summer>

<switch name = " fcs/wp-heading-corrector" >
<default value = " fcs/heading-to-waypoint-positive"/>
<test value = " fcs/heading-to-waypoint-rad" >
fcs/heading-to-waypoint-rad gt 0. 0
</test>
```

```
</switch>

<pure_gain name="fcs/wp-heading-deg">
<input> fcs/wp-heading-corrector </input>
<gain> 57.3 </gain>
</pure_gain>
```

以上航向命令可以加入到先前开发的航向自动驾驶仪中,使得航向自动驾驶仪可以直接执行航向命令,或者执行航路点导航系统中计算出的命令。

以下为采用 C310 飞机作为测试对象,编写一个自动飞行导航脚本,来实现航路点导航的功能测试。测试脚本是用 XML 格式编写的。自动飞行导航的 JSBSim 脚本的基本格式是:

```
<use aircraft="name" initialize="file"/>
<run start="0" end="time" dt="0.0833">

<event>
… condition[s] …
… action[s] …
</event>

… more events …

</run>
```

该自动飞行导航脚本使用 C310. xml 机型配置文件,除此之外还需要提供一个初始化文件,描述从哪里开始飞行,以及初始方向等。这里选择了得克萨斯州休斯顿附近的艾灵顿机场作为脚本试飞的起点。在这之后指定了脚本运行时间,脚本中一共包含 9 个事件,分别为

(1) 发动机启动:设置油气混合比例,设置推进模式,发动磁电机,推动油门,设置高度保持自动驾驶仪目标高度,设置初始航路点,启动航向保持自动驾驶仪,起飞。

(2) 开启高度保持自动驾驶仪:当速度达到 135fps 时触发,向目标高度 1000 英尺爬升。

(3) 收起起落架:当高度达到 20 英尺时,收起起落架。

（4）前往第一个航路点：当高度超过 800 英尺时，将航向保持在选定的航路点（设定点），而不是先前指定的航向。将航路点选择器（heading-setpoint-select）打开，将激活航路点（active-waypoint）值设为 1。

（5）设置第二个航路点：当距离第一个航路点距离小于 700 英尺时，设置第二个航路点的纬度和经度。

（6）设置第三个航路点：当距离第二个航路点距离小于 300 英尺时，设置第三个航路点的纬度和经度。

（7）设置第四个航路点：当距离第三个航路点距离第小于 800 英尺时，设置第三个航路点的纬度和经度。

（8）设置最后一个航路点：当距离第四个航路点距离小于 100 英尺时，设置最后一个航路点的纬度和经度，回到艾灵顿机场。

（9）结束导航：当飞机距离艾灵顿机场小于 100 英尺时，结束仿真。

在设计脚本时需要仔细考虑脚本执行的一个特性：执行顺序。脚本的输入按每帧计算一次，因此每个测试将看到相同的输入值。例如，在评估每个事件的测试之前，将计算输入（例如当前纬度或到某个航路点的距离），在事件中设置的每个属性都将立即生效（例如 active_waypoint）。由于事件是按顺序存储在程序内存中的，就像它们在脚本文件中一样，而且它们也是按顺序执行的，因此，随意设计的连续事件有可能在单个帧中将它们的条件评估为 true，实际上是经历了级联顺序执行。在这个脚本中，当到达一个航路点或者由于接近目标航路点而触发事件时，可能会发生这种情况。当到达一个航路点时，这个测试脚本中所采取的操作是将飞机正在前往的航路点设置为下一个航路点的索引。但是，当评估下一个航路点距离时，先前计算的距离值可能小于为下一个航路点指定的阈值距离。飞机正在前往的航路点事件中设置下一个航路点后，测试将立即被触发，后续事件也可以立即触发。解决方案是在脚本文件中以相反的顺序列出受影响的事件。在本例中，计算为 true 的事件后面紧跟着已经被触发和执行的事件。

自动飞行导航脚本代码如下所示：

```
<?xml version="1.0" encoding="UTF-8"?>
<?xml-stylesheet type="text/xsl"
href="http://jsbsim.sf.net/JSBSimScript.xsl"?>
<runscriptxmlns:xsi=http://www.w3.org/2001/XMLSchema-instance
xsi:noNamespaceSchemaLocation=http://jsbsim.sf.net/JSBSimScript.xsd
```

```
name="C310-01A takeoff run">
<description>For testing autopilot capability</description>
<use aircraft="c310" initialize="Ellington"/>
<run start="0.0" end="3600" dt="0.00833333">
<event name="Start engine">
<description>
Start engine and set initial heading and waypoints,
turn on heading-hold mode.
</description>
<condition>sim-time-sec ge 0.25</condition>
<set name="fcs/mixture-cmd-norm[0]" value="0.87"/>
<set name="fcs/mixture-cmd-norm[1]" value="0.87"/>
<set name="fcs/advance-cmd-norm[0]" value="1.0"/>
<set name="fcs/advance-cmd-norm[1]" value="1.0"/>
<set name="propulsion/magneto_cmd" value="3"/>
<set name="fcs/throttle-cmd-norm[0]" value="1.0"/>
<set name="fcs/throttle-cmd-norm[1]" value="1.0"/>
<set name="propulsion/starter_cmd" value="1"/>
<set name="ap/altitude_setpoint" action="FG_EXP" value="1000" tc="10"/>
<set name="ap/attitude_hold" value="0"/>
<set name="ap/wp_latitude_rad" value="0.517238"/>
<set name="ap/wp_longitude_rad" value="-1.662727"/>
<set name="ap/heading_setpoint" value="355"/>
<set name="ap/heading-setpoint-select" value="0"/>
<set name="ap/heading_hold" value="1"/>
<set name="ap/active-waypoint" value="0"/>
<notify/>
</event>
<event name="Set altitude for 1,000 ft.">
<condition>velocities/vc-fps ge 135.0</condition>
<set name="ap/altitude_hold" value="1"/>
<notify/>
</event>
<event name="Raise landing gear">
<condition>position/h-agl-ft ge 20</condition>
```

```
<set name="gear/gear-cmd-norm" value="0"/>
<notify/>
</event>
<event name="Head to first waypoint">
<description>
Set heading hold to selected waypoint (setpoint) instead of
previously specified heading when altitude surpasses 800 feet.
</description>
<condition>position/h-agl-ft ge 800</condition>
<set name="ap/heading-setpoint-select" value="1"/>
<set name="ap/active-waypoint" value="1"/>
<notify>
<property>fcs/wp-distance</property>
</notify>
</event>
<event name="Terminate">
<description>
When the aircraft arrives back at Ellington
Field (fifth waypoint) then terminate the simulation.
</description>
<condition>
fcs/wp-distance lt 100
ap/active-waypoint eq 5
</condition>
<set name="simulation/terminate" value="1"/>
<notify/>
</event>
<event name="Set last waypoint">
<description>
When the distance to the fourth waypoint (northeast end of
Galveston Island) is less than 100 feet, then set the last
waypoint (back to Ellington Field).
</description>
<condition>
fcs/wp-distance lt 100
```

```
ap/active-waypoint eq 4
</condition>
<set name="ap/wp_latitude_rad" value="0.516512"/>
<set name="ap/wp_longitude_rad" value="-1.660922"/>
<set name="ap/active-waypoint" value="5"/>
<notify>
<property>fcs/wp-distance</property>
</notify>
</event>
<event name="Set fourth waypoint">
<description>
When the distance to the third waypoint (southwest end of
Galveston Island) is less than 800 feet, then set the fourth
waypoint (northeast end of Galveston Island).
</description>
<condition>
fcs/wp-distance lt 800
ap/active-waypoint eq 3
</condition>
<set name="ap/wp_latitude_rad" value="0.511661"/>
<set name="ap/wp_longitude_rad" value="-1.653510"/>
<set name="ap/active-waypoint" value="4"/>
<notify>
<property>fcs/wp-distance</property>
</notify>
</event>
<event name="Set third waypoint">
<description>
When the distance to the second waypoint (Hobby Airport) is
less than 300 feet, then set the third waypoint.
</description>
<condition>
fcs/wp-distance lt 300
ap/active-waypoint eq 2
</condition>
```

```
<set name="ap/wp_latitude_rad" value="0.507481"/>
<set name="ap/wp_longitude_rad" value="-1.660062"/>
<set name="ap/active-waypoint" value="3"/>
<notify>
<property>fcs/wp-distance</property>
</notify>
</event>
<event name="Set second waypoint">
<description>
When the distance to the first waypoint (Hobby
Airport threshold) is less than 700 feet, then
set the second waypoint.
</description>
<condition>
fcs/wp-distance lt 700
ap/active-waypoint eq 1
</condition>
<set name="ap/wp_latitude_rad" value="0.517533"/>
<set name="ap/wp_longitude_rad" value="-1.663076"/>
<set name="ap/active-waypoint" value="2"/>
<notify>
<property>fcs/wp-distance</property>
</notify>
</event>
</run>
</runscript>
```

10.5 导航系统航向保持组件失效仿真

10.5.1 航向保持组件失效注入

我们可以在之前写的自动飞行导航脚本的基础上,注入导航系统故障,观察失去导航能力的 C310 飞机将如何飞行,这里我们选取第(7)个事件,在设置

第四个导航点之前,令航向保持组件失效,使飞机失去导航能力,具体修改如下所示:

```
<event name="Set fourth waypoint">

<condition>
  guidance/wp-distance lt 800
  ap/active-waypoint eq 3
</condition>
<set name="guidance/target_wp_latitude_rad" value="0.511661"/>
<set name="guidance/target_wp_longitude_rad" value="-1.653510"/>
<set name="ap/heading_hold" value="0"/>
<set name="ap/active-waypoint" value="4"/>

</event>
```

其中,<set name="ap/heading_hold" value="0"/>代表将航向保持组件设置为失效状态。

同时还需要修改结束导航事件的判断条件,之前的条件是当飞机距离艾灵顿机场小于 100 英尺且已经飞过最后一个航路点时,结束仿真,这里需要修改为当飞机高度小于等于 10 且已经经过第三个航路点时,结束仿真。具体修改如下:

```
<event name="Terminate">

<condition>
  ap/active-waypoint eq 4
  position/h-agl-ft le 10
</condition>
<set name="simulation/terminate" value="1"/>

</event>
```

其中,ap/active-waypoint eq 4 代表激活第四个导航点,position/h-agl-ft le 10 代表飞机高度小于等于 10 英尺,将这两个条件作为结束仿真的两个必要条件。

10.5.2　航向保持组件失效场景仿真步骤

（1）首先打开 FlightGear，选择要进行失效仿真的对应机型，机型可以从官网下载，然后将压缩文件解压到 FlightGear/data/aircraft 文件中，即可在 FlightGear 的机型页面看到对应机型。

（2）打开 FlightGear 设置界面，输入命令行：

```
--native-fdm=socket,in,30,,5508,udp
--fdm=external
```

（3）点击 FlightGear 的"Fly！"按钮进入 FlightGear 仿真场景，初始界面为所选机型和机场。

（4）编写 JSBSim 自动飞行导航脚本 xxx.xml，将其放入 JSBSim/scripts 脚本文件夹中。

（5）将 JSBSim 路径中的 data-output 文件夹中名为 flightgear.xml 的文件中的"port"端口值修改为 5508，与 FlightGear 设置界面中的接收值保持一致，保证 JSBSim 与 FlightGear 之间的通信。

（6）打开系统命令执行程序，指定 JSBSim 路径，运行 JSBSim，输入命令行：

```
    <path>\JSBSim.exe
--data_output/flightgear.xml
--script=scripts/xxx
```

以上命令第一行为运行 JSBSim 的指令，其中<path>表示 JSBSim 所在的路径；第二行表示 JSBSim 输出配置文件的路径，JSBSim 运行时按照配置文件 flightgear.xml 中的格式输出到 FlightGear 中，从而实现场景仿真；第三行为读取飞行脚本指令，其中 scripts 为脚本所在文件夹，xxx 为脚本文件名称。

注意：在这个示例中我们不使用--realtime 指令，而是使用默认的批处理模式进行飞行仿真，因飞机飞往不同的航路点所花费时间过长，如果使用--realtime命令，仿真将按照实时速度运行，而批处理模式可以快速地运行自动飞行导航脚本，节省大量时间，故使用批处理模式。

（7）随着 JSBSim 的运行，可以看到 FlightGear 中视景仿真的开始，系统命令执行程序界面显示实时飞行参数，而记录完整飞行过程的 CSV 文件则保存在 JSBSim 文件夹中。

（8）将航向保持组件故障加入先前运行过的自动飞行导航脚本,重新运行该脚本,得到导航系统故障后的飞行过程文件,将其数据与之前的完整飞行过程文件进行对比。

10.5.3　航向保持组件失效场景仿真结果

通过导航系统故障场景仿真可以看出,飞机在飞往前 3 个航路点时,与导航系统未故障时的过程保持一致,在飞往第四个导航点的过程中,由于导航系统中的航向保持组件失效,飞机航向失去控制,始终保持之前的横滚姿态,高度不断下降,最终坠向地面。

图 10-3、图 10-4 和图 10-5 所示分别为 FlightGear 中 C310 飞机正常巡航状态、航向组件失效切换航路点状态和最后的坠毁状态截图。

图 10-3　C310 飞机正常巡航状态的 FlightGear 仿真图

10.5.4　航向保持组件失效仿真飞行参数的获取与处理

通过基于 FlightGear 和 JSBSim 构建仿真环境、注入导航系统故障,能够实现基于 FlightGear 和 JSBSim 的导航系统失效场景仿真,获得 CSV 数据文件,将

图 10-4　C310 飞机航向保持组件失效的 FlightGear 仿真图

图 10-5　C310 飞机坠毁的 FlightGear 仿真图

CSV 文件导入 MATLAB 中,再利用 MATLAB 中的绘图工具,可以获得自动驾驶仪故障前后飞行器飞行轨迹变化的曲线。

将 position 属性中的"position/distance-from-start-lon-mt"经度距离属性作为横坐标,将 position 属性中的"position/distance-from-start-lat-mt"纬度距离属性作为纵坐标,将 position 属性中的"position/h-agl-ft"高度属性作为竖座标,并将其通过 JSBSim 中 scripts 文件夹的"unitconversions. xml"脚本中的"convert-ft-To-m"函数将高度单位转换成"米",即可绘制出如图 10-6 所示的三维飞行轨迹曲线。在飞行脚本中的添加如下代码用于输出所需的飞行位置参数:

```
<output name="navi0. csv" type="CSV" rate="1" file="unitconversions. xml">
  <property> position/h-agl-ft </property>
  <property apply="convert-ft-To-m" caption=" position/h-agl-m">position/h-agl-ft
</property>
  <property> position/distance-from-start-lon-mt </property>
  <property> position/distance-from-start-lat-mt </property>
</output>
```

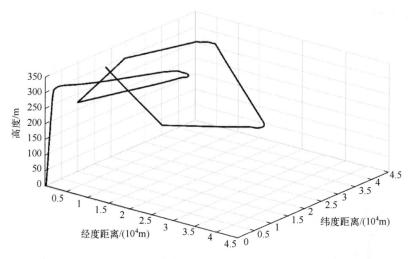

图 10-6　MATLAB 生成的 C310 飞机正常状态下的飞行轨迹图

利用 MATLAB 中三维图形函数 plot3,能将二维绘图函数 plot 的有关功能扩展到三维空间,可以用来绘制三维曲线。其调用格式为

plot3(x1,y1,z1,x2,y2,z2…)

在本例中 MATLAB 的具体设置为

```
>>plot3(x,y,z)
>> grid on
>> view(37.89,37.59)
```

其中 x、y、z 分别为导入的数据中横向距离、纵向距离、相对高度所对应的变量名称;grid on 为添加网格指令,如果想要添加网格线的数据,及添加更密集的网格线,可以使用 grid minor 这个指令;view 为设置视点的函数,其调用格式为

view(az,el)

其中 az 为方位角,el 为仰角,它们均以度为单位。系统默认的视点定义为方位角为 $-37.5°$,仰角 $30°$。这里我们分别设置视点方位角 $38.5°$,仰角 $30°$ 和视点方位角 $-38.5°$,仰角 $30°$,以便更好地观察整个飞行轨迹。

在图 10-6 的基础上,选择工具菜单中的数据游标,鼠标点击飞行轨迹中的转折点,显示出转折点的坐标信息,按住 alt 键,将所有转折点的数据游标标注在飞行轨迹图中,将坐标与自动飞行导航脚本中设置的航路点经纬度坐标对比,发现与航路点坐标一致,说明仿真结果的飞行轨迹图与预期的飞行轨迹一致。选择工具菜单中的三维旋转工具,旋转轨迹图形,直到完整轨迹和数据游标都能清晰完整地观察到。

飞机正常状态下的飞行轨迹如图 10-7 所示,加入航向保持组件失效后的飞行轨迹如图 10-8 所示。

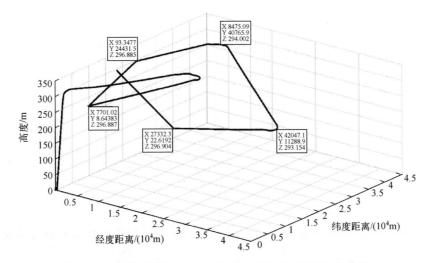

图 10-7　带游标数据的 C310 飞机正常状态下的飞行轨迹图

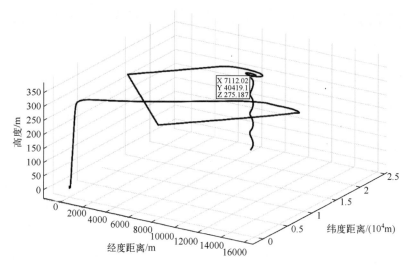

图 10-8 C310 飞机航向保持组件失效后的飞行轨迹图

从图 10-8 中可以看到飞机在飞过第三个航路点后,由于航向保持组件失效,飞机失去导航能力,飞机航向失去控制,始终保持之前的横滚姿态,高度不断下降,最终盘旋坠地。

10.6 导航系统测距机故障仿真

10.6.1 测距机故障注入

通过前面的导航系统建模算法可以看出,JSBSim 中的航路点导航与实际的无线电导航中的 VOR-DME 导航原理相同,都是先确定当前位置与目标位置的方位角,然后确定距离,从而计算出当前位置。

除了在自动飞行导航脚本中注入故障外,我们还可以在 JSBSim 源代码中修改关于飞机位置的代码,在其中的关于测定当前位置与目标位置距离代码部分加入故障代码,使测距程序测试的距离总与实际距离存在偏差,即可模拟实际飞行中,飞机无线电导航系统的测距机(DME)故障。

飞机测距机故障会导致飞机测距不准确,无法确定飞机当前位置与信标台的准确距离,进而无法判断当前飞机的精确位置,这样在飞机进近或降落时,就无法保证飞机按照预定的下滑道降落,极大地威胁飞行安全。

测距机故障注入的具体操作为:打开下载的 JSBSim 源码包 JSBSim-master

中的解决方案文件 JSBSim. sln,在其中找到 FGLocation. cpp 源文件,修改其中的
GetDistanceTo 函数,该函数定义了从当前位置到目标位置的距离的算法,原理
与之前导航系统建模中的距离算法一致,都是用到了一种基于 Haversine foru-
mulas(半正矢公式)的算法。我们可以在其中加入 100 英尺的误差,模拟飞机
无线电测距机的故障,具体修改如下:

```
double FGLocation::GetDistanceTo(double target_longitude,
                                  double target_latitude) const
{

  double delta_lat_rad = target_latitude  - GetLatitude();
  double delta_lon_rad = target_longitude - GetLongitude();

  double distance_a = pow(sin(0.5 * delta_lat_rad), 2.0)+
      (GetCosLatitude()  *  cos(target_latitude) *
      (pow(sin(0.5 * delta_lon_rad), 2.0)));

      return 2.0 * GetRadius() * atan2(sqrt(distance_a), sqrt(1.0 - distance_a))+
100;
```

在 return 函数中,加入误差 100 英尺,也就是在式(10-5)中加上 100,即可
以在原来 JSBSim 中测距仪所测距离的基础上,增加了 100 英尺的误差,来模拟
实际飞行中的测距机故障,使测距机所测距离比实际距离远 100 英尺。修改完
源代码后,需要在 visualstudio 中右击 JSBSim 解决方案,选择"重新生成",使修
改过的代码生效。

10.6.2 测距机故障场景仿真步骤

由于测距机故障场景仿真涉及源代码的修改,因此进行仿真之前需要重新
编译源代码,生成新的可执行文件 JSBSim. exe,之后才能进行飞行仿真。

因为未涉及自动飞行脚本文件的修改,只是修改了源代码,因此这里我们
使用的脚本仍为之前未修改的自动飞行导航脚本。其余仿真步骤与航向保持
组件失效场景仿真一致。

10.6.3 测距机故障场景仿真结果

图 10-9 为将 position 属性中的 lat-gc-rad 纬度属性作为横坐标,将 position

属性中的 long-gc-rad 经度属性作为纵坐标,将 position 属性中的 h-agl-ft 高度属性作为竖坐标,绘制出的三维飞行轨迹曲线。从图中可以看出由于飞机的测距机存在误差,在飞过第四个航路点时,由于脚本文件中规定的第五个航路点的设置条件为:当飞机距离第四个航路点距离小于 100 英尺时,而飞机测距机所测距离又始终比实际距离远 100 英尺,所以第五个航路点的经纬度无法设置,故飞机一直在第四个航路点上空盘旋。从图 10-9 可以看出我们成功地注入了测距机故障,实现了测距机故障场景仿真。

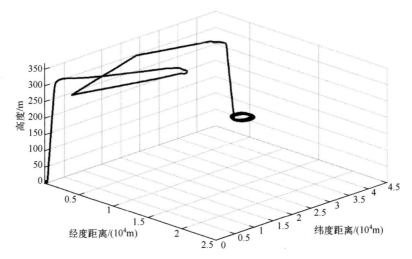

图 10-9　C310 飞机测距机(DME)故障的飞行轨迹图

10.7　导航系统甚高频全向信标系统故障仿真

10.7.1　甚高频全向信标系统故障注入

　　与测距机故障仿真类似,我们也可以对甚高频全向信标系统(VOR)进行故障仿真,我们已经知道飞机通过机载 VOR 设备同地面 VOR 台进行通讯,从而确定当前飞机航向与 VOR 台的相对方位角,根据方位角可知当前飞机航向。

　　甚高频全向信标系统故障注入的具体操作为:打开下载的 JSBSim 源码包 JSBSim-master 中的解决方案文件 JSBSim. sln,在其中找到 FGLocation. cpp 源文件,修改其中的 GetHeadingTo 函数,该函数定义了当前位置与目标位置的相对方位角,与实际飞行中机载导航设备 VOR 获得的信息相同,因此可利用 JSBSim

中对该角度的获取误差来模拟实际飞行中的甚高频全向信标系统故障。具体修改如下：

```
double FGLocation::GetHeadingTo( double target_longitude,
                                 double target_latitude) const
{
  double delta_lon_rad = target_longitude - GetLongitude();

  double Y = sin( delta_lon_rad) * cos( target_latitude);
  double X = GetCosLatitude() * sin( target_latitude)
    - GetSinLatitude() * cos( target_latitude) * cos( delta_lon_rad);

double heading_to_waypoint_rad = atan2( Y, X);
if ( heading_to_waypoint_rad < 0) heading_to_waypoint_rad += 2.0 * M_PI;

  return 0.9 * heading_to_waypoint_rad;
```

在 return 函数中，加入比例系数 0.9，也就是在式（10-6）中乘上一个比例系数 0.9，即可以在 JSBSim 中方位函数的基础上，增加 0.9 的比例误差，来模拟实际飞行中的甚高频全向信标系统故障。

10.7.2 甚高频全向信标系统故障场景仿真步骤

同样地，在修改了 GetHeadingTo 函数后，注意保持 GetDistanceTo 函数不变，我们仍需要重新编译源代码，生成新的可执行文件 JSBSim.exe，之后才能进行飞行仿真。其余仿真步骤同测距机故障场景仿真一致。

10.7.3 甚高频全向信标系统故障场景仿真结果

图 10-9 为将 position 属性中的 lat-gc-rad 纬度属性作为横坐标，将 position 属性中的 long-gc-rad 经度属性作为纵坐标，将 position 属性中的 h-agl-ft 高度属性作为竖坐标，绘制出的三维飞行轨迹曲线。从图中可以看出由于飞机的甚高频全向信标系统存在比例误差，在飞往第一个航路点时就出现了偏差；在飞往第二个航路点的过程中，由于机载设备发送给飞机与航路点的相对方位角不准确，飞机无法保持飞往第二个航路点的正确航向，因此无法到达距离第二个航路点的规定位置，在上空盘旋一段时间后，由于距离第二个航路的距离满足

设置第三个航路点的条件,飞机得到第三个航路点的经纬度,开始飞往第三个航路点;同样地,由于机载设备发送给飞机与航路点的相对方位角不准确,飞机无法保持飞往第三个航路点的正确航向,因此无法到达距离第三个航路点的规定位置,一直在第三航路点附近盘旋。从图 10-10 中可以看出我们成功地注入了甚高频全向信标系统故障,实现了甚高频全向信标系统故障场景仿真。

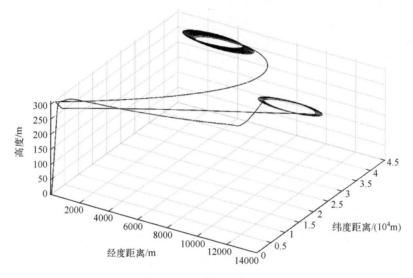

图 10-10 C310 飞机甚高频全向信标系统(VOR)故障的飞行仿真图

第 11 章　执行装置故障场景仿真

11.1　飞机作动器

伴随着航空技术的蓬勃发展,飞机的航速以及飞行高度得到了空前的提高,这使飞行员需要提供控制飞机操纵杆的力也相应地大幅度增加,于是传统的操纵系统已经无法满足现在的操纵需求。在飞机的各个操纵面系统中,为了减轻操纵杆的力和避免杆力反向,一般均采用伺服作动器。伺服作动器诞生于 20 世纪中叶,其作用就是为了解决由于日益增长的飞行速度以及飞机尺寸的加大使操纵面的气动载荷过大而导致的飞行员的力量不足以驾驶飞机的问题。伺服作动器的诞生使操纵系统发生了巨大变化,飞行员通过操纵伺服作动器,再由伺服作动器来驱动操纵面,这使飞机的操纵性得到了极大的提升。

伺服作动器也称助力器,是目前飞机操纵系统以及汽车转向系统中至关重要的部分。伺服作动器是飞机操纵系统的执行装置,飞行员通过驾驶装置提供的机械信号作为伺服作动器的输入信号,再由伺服作动器放大输出到操纵面,驱动操纵面使其偏转,从而对飞行姿态与轨迹进行有效的控制。

伺服作动器本质是功率放大器,对输入产生实时性的输出并反馈,其结构示意图如图 11-1 所示,其动力学特性直接影响飞行操纵控制系统的整体性能。根据伺服作动器的能源类型,可以将伺服作动器分类为液压伺服作动器、电动伺服作动器以及电液混合伺服作动器。鉴于电动伺服作动器所输出的速度以及输出力都不大,所以通常仅仅将其用于对速度以及力的要求不高的系统;液压伺服作动器对大载荷有相当的承担能力,并且具有一定高的输出速度,根据这种特性往往将其应用于飞机的主、辅操纵系统。

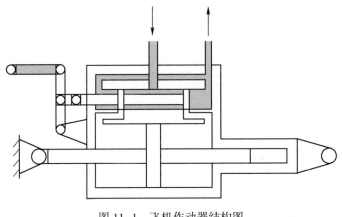

图 11-1 飞机作动器结构图

11.2 飞机作动器研究现状

11.2.1 飞机作动器建模与仿真

伺服作动器作为飞行操纵系统重要的执行单元,对它的研究越来越受到业界的重视。关于伺服作动器的研究,国外航空科技者起步得较早并且取得了较为丰富的研究经验和资料。美国的洛克希德·马丁公司建立了伺服作动器的半经验模型,根据伺服作动器地面试验数据以及飞行试验数据,并结合制造商提供的动态参数以及响应曲线对伺服作动器模型进行完善以及优化。这种方法的提出对于模型的准确性有了一定保证,同时使调节更为简便并且简化了计算,然而在高频区域仍需改进;美国加州理工学院通过引入遗传算法对伺服作动器的动态参数进行优化,得出当系统状态不断变化时伺服作动器的最优动态参数;意大利比萨大学的 Rito、Denti 和 Galatolo 对飞机主操纵系统伺服作动器可执行模型进行了开发和实验验证,取得了可观成果。

我国著名航空专家王永熙针对伺服作动器的设计以及特性分析取得了显著成果;国立成功大学对液压伺服作动器过载控制进行研究,同时对动态响应进行仿真分析,从而得出了双回路控制结构可应用于离心机的角度控制等理论;西北工业大学的沈永奎利用 MATLAB/SimuLink 软件对系统参数进行仿真与优化,得出当某些参数变化时,系统动态特性的变化的相关结论。

11.2.2　作动器故障检测和诊断

香港理工大学的 C. H. Lo 等,提出了一种基于模糊遗传算法的飞机故障自动检测方法,模糊遗传算法构建了用于飞机行为监测的故障自动检测系统。采用基于模糊的分类器估计执行器故障的发生时间和类型,利用遗传算法为分类器生成最优模糊规则集。遗传算法的优化能力为生成最优模糊规则提供了一种有效的方法。基于模糊遗传算法的自动故障检测系统可以在线检测不同类型的执行机构故障。对非线性 F-16 飞机模型的不同执行机构故障进行了仿真研究。北京航空航天大学的 Q. L. Hu 和哈尔滨工业大学 B. Li,提出了一种新的基于观测器的故障诊断方法,结合在线控制分配方案,对存在执行器故障、意外干扰和输入饱和的轨道航天器进行故障诊断。该方案利用冗余执行器补偿效率损失和时变故障,使系统在外部干扰和输入饱和的情况下保持稳定,解决了航天器容错控制设计中的难题。这是通过开发基于观察器的故障诊断机制来重建或估计执行器故障来实现的,然后采用在线控制分配方案,在发生故障时,不重新配置控制器,将控制信号重新分配给健康的执行器,使控制信号的分配基于重构的执行器效能水平。最后采用刚性航天器模型进行仿真验证。在执行器总体失效、外部干扰和执行器输入饱和等故障情况下,该方案具有良好的性能,验证了该方案的有效性和可行性。

11.2.3　作动器故障应对措施

对于执行机构的故障,通常采用两种方式来避免:一种是自适应补偿控制方案;另一种是容错控制。美国弗吉尼亚大学的 S. Chen 和 G. Tao 针对一类多输入单输出执行器故障,提出了一种自适应执行器故障补偿方案,以某一输入在某一未知时刻停留在某一未知固定值为特征。推导了执行机构出现故障时实现状态跟踪和输出跟踪的条件和控制器结构。设计了自适应律,在执行器失效参数未知的情况下能够更新控制器的部分参数。通过对带有执行器故障的线性化运输机模型进行仿真,结果表明该模型具有良好的自适应故障补偿性能。德国波鸿大学的 D. Vey 和 K. Schenk 提出了一种针对执行机构故障的线性系统的综合主动容错控制方法,将诊断与重构单元相结合。对诊断单元的分析表明,执行器的故障并不总是独立的,因此提出了一种解决非孤立执行机构故障时重构问题的方法。建立了一个通用的虚拟执行器,该虚拟执行器可以同时重构非孤立的执行器故障。

11.3 作动器常见故障

在飞机的操纵系统中,伺服作动器有着极其重要的地位,影响着飞机起落架、轮舱门、襟翼及减速板收放等多方面的性能。伺服作动器性能的好与坏能够对飞机操纵性产生很大的影响,同时它与安全性也密切相关。正是由于伺服作动器的这种特殊性,它在飞机操纵系统中被当作关键件对待。

伺服作动器—操纵面的性能直接影响飞机的稳定性,飞行员通过伺服作动器驱动飞机相应操纵面。伺服作动器的剧烈抖动传递给操纵面则会导致飞行姿态飘忽,这将对飞机控制产生强烈干扰,更甚地会导致飞行事故。伺服作动器细微的抖动虽然不易察觉,然而会对操纵准确性和稳定性要求较高的飞机尤其是军用飞机造成一定影响。伺服作动器设计以及仿真对飞机操纵系统性能有着重要的作用,同时应用仿真技术,可使产品的设计周期缩短,并可降低相关试验的费用,所以具有一定的工程应用意义。

在飞机维护过程中,人们发现各类作动筒的常见故障有:活塞杆不能伸缩运动或卡滞、活塞杆运动过于迟缓、活塞杆运动速度不均匀或有间断以及活塞杆出现爬行现象。

11.3.1 活塞杆不能伸缩运动或卡滞

作动筒是液压系统的执行附件,活塞杆的动作控制其他构件的运动,如果出现活塞杆突然不动作或卡滞,主要是由活塞部位的密封胶圈损坏或者关节轴承卡阻造成的,排除的方法是及时更换密封圈,并对关节轴承进行适当润滑。

11.3.2 活塞杆运动过于迟缓

活塞杆运动迟缓的主要原因是由带杆活塞或液压锁中的开锁活塞不密封引起漏油而造成的。作动筒内部泄漏主要由于作动筒体密封、活塞杆与密封盖密封出现问题或活塞的密封胶圈均磨损过量引起的。如果筒体密封装置损坏漏油,使进入作动筒内推动活塞运动的油液流量减小,因为速度取决于流量,所以导致活塞杆运动迟缓。如果活塞的胶圈损坏或者胶圈均磨损过量,工作腔的高压油液会泄漏到非工作腔中,出现轻微串油,工作压力减小,反压力增大,造成活塞杆运动迟缓。在外场维护中,发现襟翼放下和收起靠作动筒放下腔和收上腔中两端油压的作用,使活塞杆伸出或缩回,而活塞杆密封装置出现故障时,作动筒会出现放下腔和收上腔中高压油液相互串油的情况。襟翼处于放下位置时,在其自重的作用下,油液串油的趋势是从收上腔流向放下腔,使得襟翼继续放下,导致在25°夹角位置时锁不住。由于密封装置出现问题造成的故障,如密封件褶皱、挤压、撕裂、磨损、老化和变形等引起的泄漏,只要及时更换新密封件即可排除。

11.3.3 活塞杆运动速度不均匀或有间断

活塞杆运动速度不均匀或有间断,常是因为作动筒内壁有划伤、锈蚀或局部摩擦力增大所致。外筒内壁、锥形活塞、活塞锈蚀或活塞杆上的镀铬层脱落都会使活塞杆运动的摩擦力增大,也会加速密封装置的磨损,使活塞杆运动迟缓。如果外筒内壁局部划伤或作动筒局部摩擦力增大,则会使活塞杆运动速度不均匀或有间断。

11.3.4 活塞杆出现爬行现象

如果由于作动筒内部零件装配不当,零件变形、磨损或几何公差超限,致使活塞杆运动阻力过大,导致筒内活塞杆速度随着行程位置的不同而变化,出现速度不均匀,时断时续,一快一慢,一跳一停的间断现象,这种现象也称爬行。如果活塞杆外伸部分清洁不够好,则会使水分和灰尘等异物附着在作动筒内壁,使得活塞杆伸缩时受阻。

由于密封出现问题,使得作动筒内部进入空气,而在高压油液中混有气体,当空气压缩或膨胀时造成活塞滑行或爬行。排气的方法就是设置专门的排气装置,通过快速操作作动筒活塞杆全行程往返数次进行排气。

11.4 作动器故障导致的事故

1991 年 3 月 3 日,美国联合航空公司 585 号航班的一架波音 737 飞机在获准获准目视进近科罗拉多斯普林斯机场 35 号跑道时,飞机突然向右倾斜,机头朝下倾斜,高度迅速下降,最终几乎垂直撞向地面,机上 25 人全部遇难。1994 年 9 月 8 日,全美航空公司 427 号航班的一架波音 737 飞机在准备降落匹兹堡国际机场的 28R 跑道时,机头突然剧烈左偏,接着失控俯冲,最终翻滚坠毁,机上 132 人无一生还。1996 年 6 月 9 日,美国东风航空公司的一架波音 737 飞机

(517 号航班)在类似情况下也意外地突然向右侧倾,方向舵如卡死般失控,但机组人员成功地重新控制飞机并安全着陆。造成这三起事故的共同原因是波音 737 的方向舵控制系统的设计缺陷,在经历极端温差时飞机方向舵的动力控制单元伺服阀可能会出现阻滞故障,严重时甚至会造成方向舵急偏或向与飞行员指令相反的方向偏转,最终波音公司重新设计了波音 737 方向舵系统,才避免了同样的事故再次发生。

2012 年 8 月美国空军的实验型 X-51A"乘波者"飞行器在进行第三次飞行实验时,飞行器速度达到马赫数 4.8 后,X-51A 右上方的作动器本应该与其他三个作动器一样保持收起、锁定、未通电,但作动器被解锁。虽然仍未通电,还是对飞行器稳定性造成了影响,飞行器快速螺旋下降,最终坠落太平洋。在飞行器超燃冲压发动机点火前发生该故障,意味着美国空军不能从实验中获得任何有用数据,飞行试验以失败告终。事后调查结果表明作动器故障可能是因突然的振动所致,影响了作动器锁的功能。

11.5 JSBSim 中的执行装置

11.5.1 JSBSim 中的执行装置建模

在 JSBSim 中,执行机构可以建模为一个"完美的执行装置",输出直接设置为输入。但是我们可以通过添加一些在真实世界中执行器所特有的附加效果,使执行器变得更加"真实"。这些附加效果可以是

- 系统延迟
- 速率限制
- 死区
- 磁滞(机械滞后)
- 偏差(机械偏差)
- 位置限制

通过将属性设置为 true 或 false(1 或 0),还可以对执行装置将一些故障注入到执行机构。

JSBSim 执行机构建模参数设置格式:

```
<actuator name="name">
<input> {[-]property} </input>
```

```
<lag> number </lag>
<rate_limit> number <rate_limit>
<bias> number </bias>
<deadband_width> number </deadband_width>
<hysteresis_width> number </hysteresis_width>
[ <clipto>
<min> {[-]property|value} </min>
<max> {[-]property|value} </max>
</clipto>]
[ <output> {property} </output>]
</actuator>
```

示例：

```
<actuator name = " name" >
<input> {[-]property} </input>
<lag> number </lag>
<rate_limit> number <rate_limit>
<bias> number </bias>
<deadband_width> number </deadband_width>
<hysteresis_width> number </hysteresis_width>
[ <clipto>
<min> {[-]property|value} </min>
<max> {[-]property|value} </max>
</clipto>]
[ <output> {property} </output>]
</actuator>
<hysteresis_width> 0. 05 </hysteresis_width>
<clipto><!-- +/- 10 degrees -->
<min> -0. 17 </min>
<max> 0. 17 </max>
</clipto>
</actuator></actuator>
```

这里我们针对 C172 飞机的升降舵作动器进行建模，需要在其飞机的机型配置文件 C172 中加入作动器建模语句如下：

```
<actuator name="fcs/elevator-actuator">
    <input> fcs/elevator-control </input>
    <lag> 60 </lag>
    <bias> 0.002 </bias>
    <hysteresis_width> 0.05 </hysteresis_width>
    <clipto>
        <!-- +/- 20 degrees -->
        <min> -0.34 </min>
        <max>  0.34 </max>
    </clipto>
    <output>fcs/elevator-pos-rad</output>
</actuator>
```

这里的输入为飞机控制系统的升降舵控制指令 fcs/elevator-control,输出是方向舵的偏转角度 fcs/elevator-pos-rad,系统延迟 60,机械偏差为 0.002,机械滞后为 0.05,通过设置执行机构相关参数,模拟出相对真实的作动器模型。

11.5.2 JSBSim 中的执行装置程序运行原理

在 JSBSim 源代码中执行机构类主要由重置函数、启动函数、特性函数、绑定函数、调试函数几部分组成,其中重置函数的作用是将前一状态的输出设置为 0;启动函数主要用于根据判断输入条件,将其分别传递给其他特性函数,从而得到输出;特性函数包括系统延迟、速率限制、死区、磁滞(机械滞后)、偏差(机械偏差)、位置限制等特性的定义,它们分别根据各自特性对输入值进行函数变换,从而得到相应特性的输出,用于对传感器的一些系统特性和机械特性进行模拟;绑定函数则用于将执行机构的 3 种故障状态与属性绑定在一起,即可实现针对飞机具体某一部分的作动筒进行故障模拟。

具体运行流程为:JSBSim 中的执行机构首先进行初始化,之后运行启动函数,读取输入,将输入的值分别传递到各自的特性函数,进行相关运算,得到相应输出,当读取到故障状态时,将绑定的具体属性所对应的执行机构进行对应的故障处理,最终将结果输出。

11.5.3 执行装置故障注入

JSBSim 中执行机构有 3 种故障模式:作动器失效、作动器卡死和作动器急偏,其中作动器失效是让输入为 0,即指定作动器不做任何动作;作动器卡死是令前一状态的输出等于后一状态的输入,即作动器保持上一状态不变;作动器急偏为作动器控制舵面迅速偏转为舵面所允许偏转的最大值。

这 3 种故障模式都在 JSBSim 的 malfunction(故障)属性中,它们在 JSBSim 中的 XML 语法分别为

```
tmp+"/malfunction/fail_zero"
tmp+"/malfunction/fail_stuck"
tmp+"/malfunction/fail_hardover
```

在本例中我们选取 C172 飞机的自动飞行脚本,模拟飞机从起飞到爬升到最后巡航的过程,在其爬升阶段的第 45s 加入升降舵作动器故障,令其卡死。

具体操作如下:

(1)编写初始化文件:初始化文件与机型配置文件在同一文件夹中,主要规定了飞机的初始位置(经纬度、高度等),姿态、速度、航向等信息。

(2)编写自动飞行脚本:首先编写飞行器从起飞到巡航阶段的自动飞行脚本,本例采用 C172 飞机从艾灵顿机场起飞,然后开启航向海拔 6000 英尺高度的自动驾驶。

(3)注入飞行控制系统失效设置:在自动飞行脚本中加入新事件标签,设置触发时间和属性值,即可操纵对应属性的组件,让其保持失效状态。

针对 3 种不同的作动器故障模式,分别在 JSBSim 中加入新事件如下:

```
<event name="actuator zero">
<condition> simulation/sim-time-sec >=45.0 </condition>
<set name="fcs/elevator-actuator/malfunction/fail-zero" value="1">
</event>


<event name="actuator stuck">
<condition> simulation/sim-time-sec >=45.0 </condition>
<set name="fcs/elevator-actuator/malfunction/fail-stuck" value="1">
</event>


<event name="actuator hardover">
```

```
<condition> simulation/sim-time-sec >=45.0 </condition>
<set name="fcs/elevator-actuator/malfunction/fail-hardover" value="1">
</event>
```

以上代码表示作动器失效事件在第 45s 触发,其中 fcs/elevator-actuator/malfunction/fail-stuck 和 fcs/elevator-actuator/malfunction/fail-hardover 表示设置飞机升降舵作动器故障类型的属性,令其属性值 value=1 分别代表让升降舵作动筒发生卡死和急偏故障。

11.6 执行装置故障仿真

11.6.1 执行装置故障场景仿真步骤

(1) 首先打开 FlightGear,选择要进行失效仿真的对应机型,机型可以从官网下载,然后将压缩文件解压到 FlightGear/data/aircraft 文件中,即可在 FlightGear 的机型页面看到对应机型;

(2) 打开 FlightGear 设置界面,输入命令行:

```
--native-fdm=socket,in,30,,5508,udp
--fdm=external
```

(3) 点击 FlightGear 的"Fly!按钮"进入 FlightGear 仿真场景,初始界面为所选机型和机场;

(4) 编写 JSBSim 带执行装置故障的自动飞行脚本 xxx.xml,将其放入 JSB-Sim/scripts 脚本文件夹中;

(5) 将 JSBSim 路径中的 data-output 文件夹中名为 flightgear.xml 的文件中的"port"端口值修改为 5508,与 FlightGear 设置界面中的接收值保持一致,保证 JSBSim 与 FlightGear 之间的通信。

(6) 打开系统命令执行程序,指定 JSBSim 路径,运行 JSBSim,输入命令行:

```
    <path>\JSBSim.exe
--realtime
    data_output/flightgear.xml
--script=scripts/xxx
```

（7）随着 JSBSim 的运行，可以看到 FlightGear 中视景仿真的开始，系统命令执行程序界面显示实时飞行参数，而记录完整飞行过程的 CSV 文件则保存在 JSBSim 文件夹中。

11.6.2 执行机构故障场景仿真结果

自动驾驶仪故障场景仿真主要经历飞机按照配置文件正常飞行、飞行过程中执行机构故障和飞机失控 3 个过程，图 11-2、图 11-3 和图 11-4 所示分别为飞机正常飞行爬升；飞行过程中升降舵作动器卡死故障，飞机异常地升降式爬升，最终失去平衡；飞机因升降舵作动器急偏而失去稳定性的 FlightGear 仿真截图。

图 11-2 飞机正常状态的 FlightGear 仿真图

11.6.3 执行装置故障仿真飞行参数的获取与处理

飞行参数的获取与前面的章节基本一致，只是在本例中我们还要关注飞机升降舵位置的变化，因此需要在"Time Notify"事件和输出事件中加入 <property> fcs/elevator-pos-rad</property> 属性，即升降舵的角度值。具体的设置如下所示：

图 11-3　飞机升降舵作动器卡死异常爬升的 FlightGear 仿真图

图 11-4　飞机升降舵作动器急偏而失控的 FlightGear 仿真图

```
<event name="Time Notify" persistent="true">
    <description>Output message at 5 second intervals</description>
    <notify>
      <property>velocities/vc-kts</property>
      <property> position/h-agl-ft </property>
      <property>attitude/phi-rad</property>
      <property>attitude/theta-rad</property>
      <property>attitude/psi-rad</property>
      <property>fcs/elevator-pos-rad</property>
    </notify>
    < condition > simulation/sim - time - sec  > =  simulation/notify - time - trigger
</condition>
    <set name="simulation/notify-time-trigger" value="60" type="FG_DELTA"/>
  </event>
<output name="actuator.csv" type="CSV" rate="10" file="unitconversions.xml">
    <property> position/h-agl-ft </property>
    <property> velocities/vt-fps </property>
    <property> velocities/vg-fps </property>
    <property>attitude/phi-rad</property>
    <property>attitude/theta-rad</property>
    <property>attitude/psi-rad</property>
    <property>fcs/elevator-pos-rad</property>
    <property> position/distance-from-start-lon-mt </property>
    <property> position/distance-from-start-lat-mt </property>
    <property> position/distance-from-start-mag-mt </property>
  </output>
```

通过基于 FlightGear 和 JSBSim 构建仿真环境、注入自动驾驶仪故障，能够实现基于 FlightGear 和 JSBSim 的执行机构失效场景仿真，获得 CSV 数据文件，将 CSV 文件导入 MATLAB 中，再利用 MATLAB 中的绘图工具，可以获得执行机构故障前后飞行器的高度、速度、姿态随时间变化的曲线。

如图 11-5、图 11-6 和图 11-7 所示，为执行机构故障前后飞行器的高度、升降舵位置和俯仰角随时间变化的曲线。从图 11-5 中可以看出，正常状态下飞机的爬升很平稳；在 45s 失控时，飞机发生明显的震荡，且高度不再升高；在 45s 发生作动器卡死故障时，飞机震荡幅度较为明显，失去稳定性。

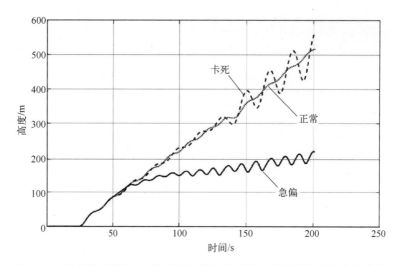

图 11-5 飞机作动器卡死、作动器急偏和作动器正常状态的高度变化曲线

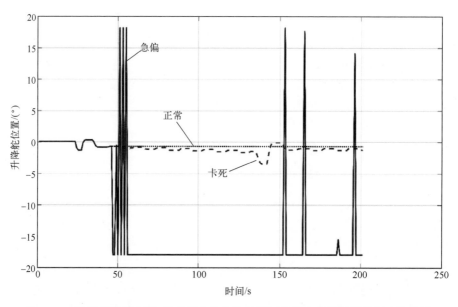

图 11-6 飞机作动器卡死、作动器急偏和作动器正常状态的升降舵位置变化曲线

从图 11-6 可以看出,正常状态下飞机除了起飞时升降舵偏转,在巡航时升降舵不偏转,主要靠襟翼提供升力;在 45s 发生作动器急偏时,飞机升降舵开始激烈偏转到所允许偏转的最大值;在 45s 发生作动器卡死故障时,由于前一时刻的输出值赋给了后一时刻,从图中可以看出升降舵很长一段事件都与上一时刻的升降舵位置保持一致。

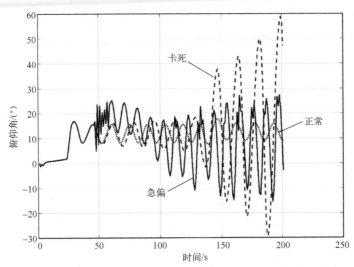

图 11-7　飞机作动器卡死、作动器急偏和作动器正常状态的俯仰角变化曲线

从图 11-7 可以看出,正常状态下,作动器发生卡死故障、作动器发生急偏故障时的俯仰角变化要平稳很多。

除此之外,利用 JSBSim 中的 position 属性,将 position 属性中的 lat-gc-rad 纬度属性作为横坐标,将 position 属性中的 long-gc-rad 经度属性作为纵坐标,将 position 属性中的 h-agl-ft 高度属性作为竖坐标,同时利用单位转换函数将高度单位转换成"米",即可绘制出如图 11-8 所示的三维飞行轨迹曲线。其对应代码为

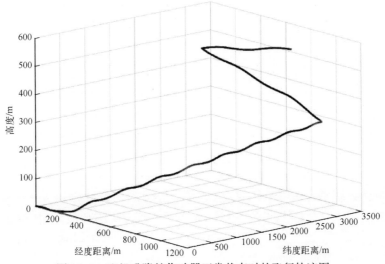

图 11-8　飞机升降舵作动器正常状态时的飞行轨迹图

```
function createfigure(X1, Y1, Z1)
%CREATEFIGURE(X1, Y1, Z1)
%   X1:  x 数据的向量
%   Y1:  y 数据的向量
%   Z1:  z 数据的向量

%创建 figure
figure1 = figure;

%创建 axes
axes1 = axes('Parent',figure1);
hold(axes1,'on');

%创建 plot3
plot3(X1,Y1,Z1);

%创建 xlabel
xlabel('Longitude(deg)');

%创建 zlabel
zlabel('Height(m)');

%创建 ylabel
ylabel('Latitude(deg)');

view(axes1,[-56.7 32.4]);
grid(axes1,'on');
%创建
set(axes1,'FontSize',12);
```

图 11-9 为作动器发生卡死故障时的三维飞行轨迹图。其对应代码为

```
function createfigure(X1, Y1, Z1)
%CREATEFIGURE(X1, Y1, Z1)
%   X1:  x 数据的向量
%   Y1:  y 数据的向量
```

```
%   Z1:  z 数据的向量

%创建 figure
figure1 = figure;

%创建 axes
axes1 = axes('Parent',figure1);
hold(axes1,'on');

%创建 plot3
plot3(X1,Y1,Z1,...
    'Color',[0.929411768913269 0.694117665290833 0.125490203499794]);

%创建 xlabel
xlabel('Longitude(deg)');

%创建 zlabel
zlabel('Height(m)');

%创建 ylabel
ylabel('Latitude(deg)');

view(axes1,[-120.3 26]);
grid(axes1,'on');
%设置其余坐标轴属性
set(axes1,'FontSize',12);
```

图 11-10 为作动器发生突发故障时的轨迹图。其对应代码为

```
function createfigure(X1, Y1, Z1)
%CREATEFIGURE(X1, Y1, Z1)
%   X1:  x 数据的向量
%   Y1:  y 数据的向量
%   Z1:  z 数据的向量

%创建 figure
```

```
figure1 = figure;

%创建 axes
axes1 = axes('Parent',figure1);
hold(axes1,'on');

%创建 plot3
plot3(X1,Y1,Z1,'Color',[1 0 0]);

%创建 xlabel
xlabel('Longitude(deg)');

%创建 zlabel
zlabel('Height(m)');

%创建 ylabel
ylabel('Latitude(deg)');

view(axes1,[-138.7 18]);
grid(axes1,'on');
%设置其余坐标轴属性
set(axes1,'FontSize',12);
```

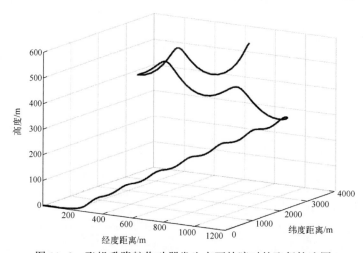

图 11-9   飞机升降舵作动器发生卡死故障时的飞行轨迹图

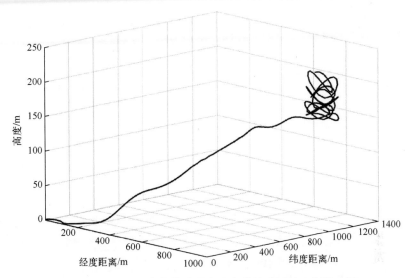

图 11-10　飞机升降舵作动器发生急偏故障时的飞行轨迹图

第 12 章　传感器故障场景仿真

12.1　飞机传感器及其作用

传感器是一种能够对被测量对象进行感知,同时可以根据对应的规律转换成为可应用输出信号的一种装置、器件。作为信息测量技术的前沿,其同时还是现代信息技术的基础。现代飞机传感技术除了传统的红外传感器、激光传感器、图像传感器、雷达传感器等机载传感器系统之外,同时还包括大量的温度传感器、加速度传感器、角度传感器、压力传感器、位移传感器、化学敏传感器、生物敏传感器,能够对飞机飞行过程中的姿态、动力装置工作状况、燃油系统参数、导航定位参数等进行测量。同时还可以对飞机的液压设备、电源设备、飞机机械结构设备、环控设备、安全防护设备等机载设备的工作参数进行测量,从而为驾驶人员提供对应的参数,为飞机的正常飞行以及飞行功能的实现提供精确的指导。

按照飞机传感器的功能不同,可以将其分为以下几类:

(1) 飞行状态、飞行姿态信息及控制系统工作参数传感器,包括飞行高度传感器、速度传感器、加速度传感器、姿态角传感器和姿态角速度传感器等;

(2) 飞机导航与定位传感器,包括位置传感器、航向传感器、高度传感器、速度传感器、距离传感器等;

(3) 动力设备与燃油参数传感器,包括发动机转速传感器、温度传感器、燃油量传感器、进气压力传感器、燃油压力传感器等;

(4) 液压系统、电气系统、起落架系统、安全防护系统与控制系统工作参数传感器。

按照飞机传感器测量对象性质,可以将其分为以下几类:

(1) 物理量传感器,主要用于力、力矩、压力、加速度、位移、速度、温度、流量、方位、距离、地理信息等测量的传感器;

（2）化学量传感器，主要包括化学成分传感器、烟雾传感器、火焰传感器等。

随着材料技术的迅速发展，飞机传感器在新的原理、新的结构、新的材料以及新工艺的推动和作用下，得到了迅速的更新与发展。

12.2 飞行传感器相关的国内外研究现状

12.2.1 飞行传感器建模仿真

南京航空航天大学的谢勇设计了一套无人直升机飞行传感器仿真系统，模拟真实飞行传感器并给出了一种传感器的故障诊断和容错设计方法。针对某型无人直升机机载飞行传感器进行逐一分析和研究，分别建立数学模型；研究并建立了各个传感器的误差模型；分析了各个传感器可能出现的故障并给出了相应的故障模式。利用传感器误差状态和测量信息，提出了一种基于双状态 $X2$ 的故障诊断和滤波容错算法，基于某无人直升机模型，按设定航迹飞行，利用建立的无人直升机飞行仿真模型给出了其位置传感器、速度传感器和姿态传感器等测量输出信息，并利用所提的故障诊断与滤波容错算法开展了传感器故障诊断与信息融合仿真试验。最后通过半实物仿真试验将误差与故障注入到仿真系统，验证仿真系统的实用性。

12.2.2 飞行传感器故障检测和诊断

法国空客公司的 G. Alcalay 和法国航空航天实验室的 C. Seren 提出了包括传感器故障在内的退化飞行和正常飞行条件下一些关键飞行参数的选择和监测以及估计方法，预测未来飞机飞行参数的可用性，隔离错误的测量，并随着时间的推移重建缺失的信号，这对于飞行控制系统来说是一个具有挑战性的目标。为此，他们提出了一种基于虚拟传感器的解决方案，利用自适应扩展卡尔曼滤波器，辅以专用的故障检测和隔离算法。它提供了在发生一次或多次故障之前和之后在线估计民用飞机纵向飞行参数的能力。为了便于机载实现，主要气动系数由一组替代模型近似。该方法提供了有趣的监视功能，包括检测常见模式故障（例如冗余传感器同时发生故障）。所使用的实际飞行数据包括从起飞到巡航阶段遇到的强大气流扰动,三轴风和连续故障的静压总压探头,用这些数据来评估该方法在检测、隔离、估计故障方面的功能和重构能力。德克萨斯大学的 H. E. Sevil 和 A. Dogan 针对某些情况下,飞机在非均匀风矢场中飞行,其大小和方向随飞机的尺寸而发生显著变化(例如,在空中加油作业中,接收机需要在加油机尾迹引起的非均匀风场中飞行),提出了一种航空数据传感器故障检测与隔离算法。如果假设传感器测量值相同,那么当飞机进入另一架飞机的尾迹时,就会产生很高的误检率。对基于冗余传感器的故障检测与隔离算法进行了改进,消除了这一问题。该方法是建立在风场模型的基础上,风场是相对于加油机相对位置的函数。该模型用于计算接收飞机相对于加油机位置的空中数据传感器测量的期望值。

12.2.3 飞行传感器故障应对措施

传感器的故障可能会引起灾难性的后果,因为部分传感器数据会作为飞行控制系统输入。例如,用于测量空速的皮托管探头故障就导致了几起重大的飞机事故。因此,针对飞行传感器故障所做的研究对于飞行器飞行安全就显得尤为迫切。密歇根大学的 K. F. Aljanaideh 和 D. S. Bernstein 提出一种基于传递率运算的传感器健康状态监控方法,使用多传感器来检测一个传感器与其他传感器的输出差异,建立从一组传感器到另一组传感器的传递函数模型,通过使用传递率模型,传感器之间的残差可以用来评估传感器的健康状况。并使用 NASA 的通用运输模型(GTM)作为模拟全非线性飞机动力学模型,产生飞行数据,用于验证传递率运算监控方法。皇家墨尔本理工大学的 S. Bijjahalli 和 Y. Lim,提出了一种基于性能的传感器切换策略,可以在无人机的全球导航卫星系统(GNSS)不可用或性能下降的地区满足无人机导航需求。通过对全球导航卫星系统的误差分析,设计了能够实时预测和评估当前无人机导航性能的评估模块。在基于主定位传感器(GNSS)、惯性导航系统(INS)和基于视觉导航(VBN)的集成多传感器体系结构中,实现了自适应布尔决策逻辑(ABDL),对各种可用的导航传感器进行优先级排序,以保持所需的性能水平。他们通过在虚拟无人机测试台上测试设计的体系结构,确定了传感器切换的起始点。模拟了无人机在城市环境中的飞行,以及不同模式的单个传感器的损耗和退化。结果证明无人机能够在传感器精度、可用性、连续性和完整性出现间歇时无缝和稳健地运行。

12.3　飞机主要传感器及原理

12.3.1　全静压系统

全压是飞行器正对气流的表面气流全受阻时的压力,即运动气体的全部压力,包括气体的静压和动压。

静压是垂直于气流运动方向的且不受流速影响而测得的压力,即静止大气本身的压力,也就是大气压力。

动压是指气流受到阻碍,速度降低为零时,气流动能转变成的压力。

12.3.1.1　空速管

空速管也叫皮托管、总压管、总-静压管。它是感受气流的总压(也称全压)和静压,并将测得的压力数据传送给大气数据计算机、飞行仪表的装置。空速管主要是用来测量飞行速度的,同时还兼具测量全压、静压等多种功能。

空速管(图 12-1)为一表面十分光滑的线形管子,通常位于机翼前缘或飞机机头前部,管前面的开口正对气流,从而使管中的气流全部受阻,其压力就是全压。一般包括全压、静压和加温等部分。有支架用来保持探头离机身蒙皮几

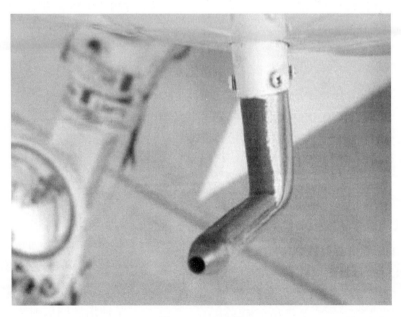

图 12-1　空速管

英尺,来减小气流的干扰。每个探头上有三类孔:一个孔超前感受全压,两组孔在侧面感受静压,全压部分用来收集气流的全压,全压孔位于全静压管的头部正对气流方向。全压经全压室、全压接头和全压导管进入大气数据仪表或系统。全压室下部有排水孔,全压室中凝结的水,可由排水管或排水系统漏掉。

静压部分用来收集气流的静压。静压孔位于全静压管周围没有紊流的地方。静压经过静压室、静压接头和静压导管进入仪表。全静压管是流线型的管子,表面十分光滑,其目的是减弱它对气流的扰动,以便准确地收集静压。

12.3.1.2 静压孔

静压孔是测量"静压"的传感器,静压孔一般位于机身前段侧下方的平滑处,这个位置不容易受到气流的干扰。空气从这里缓慢流入孔内,由压力传感器测出飞机所处位置的大气压力也就是"静压"。为了保证安全冗余度,飞机上设置了多组静压孔,即便其中一个失效,其余的静压孔还是能可靠提供大气压力数据的。

飞机的空速需要通过动压换算得出,即动压=全压-静压,全压由空速管测出,静压则由静压孔测出,有了这两个数据之后,就能知道气流的动压,因而就能得出飞机飞行的空速。

空速指的是飞机相对空气运动的速度,并不是对地面速度(地速),因为高空中有风。理论上飞机的地速=空速+风速。通过动压得到的速度为指示空速,指示空速(indicated air speed,IAS),又称表速,它是根据测量得到的动压,并按海平面标准大气条件下(760mmHg(1mmHg = 133.3Pa),气温零上 15°)空速与动压的关系而表示的速度值。而非真实空速,真实空速(true air speed,TAS),又称真空速,表示飞行器飞行时相对于周围空气运动的速度。

12.3.2 迎角传感器

迎角也叫攻角,是指飞机机翼的翼弦(机翼前缘-后缘连线)与相对气流之间的夹角。若这一角度过大会造成机翼失去升力,从而导致飞机进入失速状态。因而迎角是重要的飞行参数之一,飞行员必须使飞机在一定的迎角范围内飞行。现代绝大多数民航飞机还有失速警告系统,当实际迎角接近临界迎角而使飞机有失速的危险时,失速警告系统即发出各种形式的告警信号,而迎角传感器则为失速警告系统提供数据支撑。

翼弦与气流之间的夹角 α 就是"迎角",如图 12-2 所示。

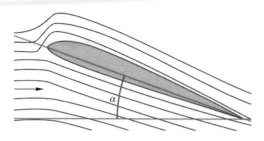

图 12-2　迎角示意图

迎角传感器主要分为风标式迎角传感器和零压式迎角传感器。

1. 风标式迎角传感器

风标式迎角传感器(图 12-3)由对称剖面的翼型叶片(即风标)、转轴、角度变换器、配重等部分组成。分单风标与双风标两种,后者是迎角和侧滑角的组合传感器。单风标式迎角传感器多装于飞机侧面,而双风标式传感器常与空速管组合在一起,安装在机头前的撑杆上,由于远离机头,处于较平稳的气流中,感受飞机迎角比较准确。风标式迎角传感器的结构比较简单,体积小,工作可靠,但对翼型剖面的加工和表面粗糙度的要求很高且易受微小扰动的影响。

图 12-3　风标式迎角传感器

2. 零压式迎角传感器

零压式迎角传感器(图12-4)探头上有对称的两对进气槽迎着气流。当飞机迎角不变时,每对气槽感受到的气流气压是相等的。当飞机迎角发生变化时,使其中一对气槽感受到的气压增加,另一对的气压减小,这两个气压通过互不相同的气道作用到桨叶的正反叶面上,其合力产生一个与迎角变化方向相反的气动反馈力矩,使探头组件转动,直至两对气槽的对称平面与气流方向平行,两对气槽的压力重新相等为止。同时,探头组件的电刷相对于电位计有一个相应的角位移,从而输出与迎角变化成比例的电压信号。零压式迎角传感器目前广泛运用于各种飞机,有较好的阻尼,输出的电信号比较平稳,精度也很高(可达0.1°)。传感器中只有锥形探头(约10cm长)露在飞机蒙皮之外,对飞机造成的附加阻力极小。但传感器结构比较复杂,装配精度要求较高。

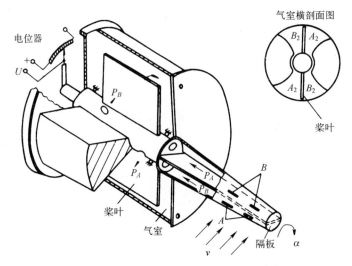

图12-4 零压式迎角传感器结构图

12.3.3 压力传感器

随着现代飞机对大气数据信息的数量和其精度要求的不断提高,使得在飞机上广泛采用大气数据计算机来测量各种大气数据信息,其最基本的信息是飞行高度、指示空速、真空数、马赫数、大气温度和密度6个,其余信息皆由这6个信息演变而来。

可以发现,这6个信息又依靠全压、静压、总温和攻角4个原始参数解算而来。准确地测量这些原始参数,对保证大气数据计算精确、可靠地工作是十分重要的,这对测量全压和静压的压力传感器要求也具有高重复性、稳定性和高精度性。

压力传感器主要应用在加速度、压力和力等的测量中。如压力式加速度传感器是一种常用的加速度计。它具有结构简单、体积小、重量轻、使用寿命长等优异的特点,应用在飞机的振动和冲击测量中。压力传感器也可以用来测量飞机发动机内部燃烧压力的测量与真空度的测量。

测量压力的方法如下:

(1) 变形测量:将膜片、膜盒、波纹管、包端管等弹性元件作为压力敏感元件,在受到流体介质的压力后,这些元件产生变形,将变形的位移放大后转变成指针的指示,也可通过电位计转变成电压信号,以数字方式显示出来。

(2) 特性参数测量:将单晶硅膜片、振动膜片、振动筒等作为敏感元件,在其受到压力后,自身的电阻或固有振动频率发生变化,测量这些变化就可间接得到压力数值。

12.3.4 大气总温探测器

大气总温传感器通常安装在翼尖、垂尾顶部、机头侧面或其他气流不易受到扰动的地方。总温传感器其实就是一个用来测量温度的装置,但是它测得的数据并非飞机周围环境大气的真实温度,而是"总温"。

总温是空气以绝热过程完全静止时,它的动能将转化为内能时反映出来的温度。飞机飞行时,空气相对飞机运动,但空气遇到总温传感器探头时,会因为受到阻滞而相对流速降低到零,在这个过程当中空气受到压缩,动能转换为热能并且局部温度会升高,这个温度称为总温。因此总温传感器测得的温度会比飞机周围大气环境的温度要高。例如,飞机在 10000m 高空以 0.8 马赫速度巡航时,外界大气约为-60℃,而总温传感器测得的读数就约为-30℃。

测得总温后,计算机可以计算出外界大气的真实温度,也就是"静温"。除此之外,计算机还可以根据总温以及指示空速计算出飞机的真实空速。

总温传感器分阻滞型总温传感器和声速型总温传感器两种。

阻滞型总温传感器(图 12-5)的阻滞室呈先扩后缩的形状。在扩散段,气流流速逐渐降低,在 T 形管道交界处流速降低到最低。交界处的凸台面所造成的空气动力效应,迫使气体流入放置感温元件的管道内。感温元件是铂金电阻丝,其阻值随阻滞温度的大小而变化。为了防止阻滞室外壁结冰,在其外壁夹层中埋有加温电阻丝。在扩散段管道四周开有小口,利用内外压力差,把被加热附面层的气流吹到周围大气中,以减小因加温引起的测量误差。感温元件这种安置法的好处是:水蒸气和尘埃因惯性而直接从后部小孔处流出,不易进到感温元件处;感温元件远离被加温的阻滞室外壁,因加温而造成的测量误差很小。

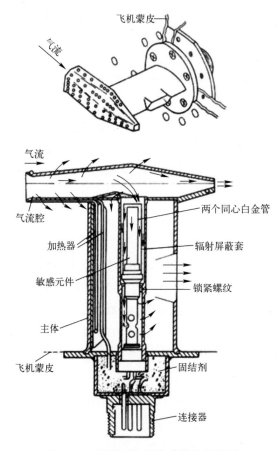

图 12-5　阻滞型总温传感器及结构图

　　声速型总温传感器的管道是一个先收缩后扩散的拉瓦尔管,利用拉瓦尔管的喉头处能稳定地保持气流速度等于声速的特性,在这里放置一个感温元件就能方便地测出总温。气流流过罐子喉部时,紧贴管子内壁形成附面层。附面层和它所流过的内壁间有热交换,最靠近内壁的流层几乎全受到阻滞,动能转变成热能,使内壁温度升高。其他流层之间由于速度不同而产生摩擦从而产生热量,这部分热量一部分被气流带走,一部分传给所流过的内壁,使喉部的温度接近全受阻温度,此温度即电阻丝所感受的温度。

亚声速气流流过拉瓦尔管喉部时,速度增大;流过扩散管道时,速度减小,亚声速气流流速越大,喉部流速也越大。当喉部流速达到"当地声速"时流入管子气流 Ma 称为临界 Ma。

拉瓦尔管有这样的特点:当流入管子的气流速度达到临界 Ma 时,喉部便有 $Ma=1$ 的流速;当流入管子的气流速度超过临界 Ma 时,喉部仍有稳定的 $Ma=1$ 的流速。当超声速情况下,拉瓦尔管头部产生正激波,激波后的气流速度都是亚音速,而且都大于临界 Ma。因此,喉部仍有 $Ma=1$ 的流速。拉瓦尔管的这一特点对于测量大气温度非常有利。

12.4   传感器故障引起的事故

2008 年 11 月 27 日,德国 XL 航空对一架从新西兰航空公司租赁的空客 320 飞机做归还前的飞行测试,飞机在返回下降途中机组决定对失速改出这一项目进行测试,于是降低飞行速度,等待失速保护系统的启动,但失速保护系统没有正常开启,此时由于飞行速度过低机头一直呈现上扬状态,机长为改变这一状态,加大了油门控制并将驾驶杆向前推,试图压下机头改出这一姿态,但是飞机姿态仍没有改变,最终飞机失去升力,从空中一头坠入海中。

失速保护装置没有启动的原因是,事发前飞机进行了涂装,涂装完成后需要清洗,通常情况下维修人员会用布擦拭掉灰尘,但是这次却因为赶时间使用水管进行冲洗,高压水枪直接将水冲进了没有任何保护措施的迎角传感器,其内部的水在高空时由于低温积冰而使传感器失效,检测不到飞机迎角变化,失速保护系统才没有正常开启;同时飞机测试失速时所在的高度过低,导致飞行员没有足够的时间改出失速状态,也是事故发生的重要原因。

12.5   JSBSim 中的传感器原理

在 JSBSim 中,当飞行控制系统"感知"某些值时,其实是从环境模型中提取感知值,并将其建模为"完美传感器"。也就是说,这些值是直接从运动方程中得到的,而不是试图使它们看起来像是来自一个传感设备(陀螺、皮托管等),这些设备可能会带来相关的缺陷。而我们进行飞行失效场景仿真所需要的就是这些缺陷,缺陷包括传感器的噪声、漂移和截断误差等,同时可以引入偏差,即传感器的偏移量。

通过 JSBSim 中的传感器组件可以模拟缺陷,提高控制系统的真实感。"完美传感器"定义中唯一需要的元素是输入元素。在未引入噪声、漂移和截断误差之前,不会对退化进行建模,输出只是输入。我们需要在"完美传感器"代码定义的基础上添加一些传感器特性进行传感器建模,使得传感器不那么"完美",更像是我们所使用的真实传感器。

在添加传感器噪声时,如果类型是 PERCENT,则所提供的值为一个百分比波动范围。例如,如果给定的数字是 0.05,则可以理解为噪声波动范围为-0.05%~0.05%。因此,传感器的实际值将在 0.95~1.05 的理论值之间。

JSBSim 中传感器建模格式为

```
<sensor name = "name" >
<input> property </input>
<lag> number </lag>
<noise variation = { "PERCENT | ABSOLUTE" }
distribution = { "UNIFORM | GAUSSIAN" } > number </noise>
<quantization name = "name" >
<bits> number </bits>
<min> number </min>
<max> number </max>
</quantization>
<drift_rate> number </drift_rate>
<delay> number </delay>
<bias> number </bias>
</sensor>
```

例如:

```
<sensor name = "aero/sensor/qbar" >
<input> aero/qbar </input>
<lag> 0.5 </lag>
<noise variation = "PERCENT"> 2 </noise>
<quantization name = "aero/sensor/quantized/qbar" >
<bits> 12 </bits>
<min> 0 </min>
```

```
<max> 400 </max>
</quantization>
<bias> 0.5 </bias>
</sensor>
```

这里我们具体地对动压传感器进行了建模,输入为根据从环境模型提取出的动压值,滞后值为 0.5,噪声波动范围为 2%,传感器量化位数为 12,量化最小值为 0,最大值为 400。

12.6 传感器建模及故障注入

通过上文介绍,我们了解了 JSBSim 中的传感器主要是通过定义某个传感器,令其对输入参数进行一系列的函数运算从而输出经过处理后的参数,来模拟传感器所固有的一些缺陷误差,提高控制系统的真实感。

这里我们对飞机自动驾驶仪中的高度保持组件的某个传感器进行建模,JSBSim 中自动驾驶仪中的高度保持组件的原理主要是:计算当前高度与自动驾驶仪设定高度之间的高度差,将高度差稍微延迟过滤后,根据高度差查表获得期望爬升速率,再计算期望爬升速率与当前爬升速率之差,之后将速率之差传递给一个开关组件,当开关组件关闭时,速率差不会传递给下一组件,当开关组件打开时,速率差将会传递给下一组件,下一组件根据速率差进行 PID 控制,输出值用于控制升降舵,从而实现高度保持功能,飞机能够平稳地飞向设定的高度。

在这里我们加入一个升降速度传感器,在速率差组件和开关组件之间对其进行建模,设置其噪声、漂移和截断误差等特性,之后再在自动飞行脚本中令其故障,即可模拟飞机传感器故障的场景。

具体的做法如下:

(1) 在 JSBSim 的 aircraft/c172x 文件夹中,找到自动驾驶仪定义文件——c172ap.xml;

(2) 在俯仰高度保持通道<channel name="Pitch altitude hold">中的<summer name="fcs/hdot-error">组件后,加入传感器组件,传感器组件的代码如下:

```
<sensor name="fcs/hdot-error/sensor">
<input>fcs/hdot-error</input>
```

```
<lag>0.5</lag>
<delay>2</delay>
<bias>0.001</bias>
</sensor>
```

其中 sensor name 表示传感器命名;input 为输入传感器的变量,这里的输入为上一个组件的输出,即升降速率差;delay 和 bias 分别定义了传感器的延迟和偏差。

(3) 在升降速率组件和开关组件之间插入了一个传感器组件后,还需要修改开关组件的输入,从而与传感器衔接,具体修改如下:

```
<switch name="fcs/ap-alt-hold-switch">
  <default value="0.0">
  <test value="fcs/hdot-error/sensor">
    ap/altitude_hold==1
  </test>
</switch>
```

(4) 保存修改,在自动飞行脚本 sensor.xml 中加入新事件,使传感器数据故障,代码如下:

```
<event name="sensor failure">
<condition>simulation/sim-time-sec>=45.0</condition>
<set name="fcs/hdot-error/sensor/malfunction/fail_stuck" value="1.0"/>
</event>
```

这里用到的/malfunction/fail_stuck 原理同作动器卡死,其作用是使传感器失效,使其之后的输出等于之前的输出。

(5) 最后,定义自动飞行脚本的终止事件,使得仿真能在飞机在坠毁后自动停止。代码如下:

```
<event name="terminate">
<condition>
simulation/sim-time-sec>=30.0
position/h-agl-ft le 10
```

```
</condition>
<set name="simulation/terminate" value="1">
<event>
```

该脚本中设置的仿真终止条件为高度低于 10m 和仿真时间大于 30s,这里
加入仿真时间大于 30s 的终止条件是因为飞机在起飞阶段高度也低于 10m,如
果只设置高度低于 1m 的终止条件,则会在仿真之初即终止。

12.7　传感器故障仿真

12.7.1 传感器故障场景仿真步骤

除了修改自动驾驶仪文件加入传感器组件和修改自动驾驶脚本加入传感
器故障事件外,其余仿真步骤同第 11 章。

12.7.2 传感器故障场景仿真结果

传感器故障场景仿真主要经历飞机按照配置文件正常飞行、飞行过程中传
感器故障和飞机坠毁 3 个过程,如图 12-6 所示分别为飞机正常飞行爬升的
FlightGear 仿真图、图 12-7 为飞行过程中传感器失效的 FlightGear 仿真图,自动
驾驶仪根据错误的传感器数据调节升降舵,使飞机向下俯冲;图 12-8 为飞机坠
毁的 FlightGear 仿真图。

图 12-6　飞机正常爬升的 FlightGear 仿真图

图 12-7　飞机传感器失效的 FlightGear 仿真图

图 12-8　飞机坠毁的 FlightGear 仿真图

12.7.3　传感器故障仿真飞行参数的获取与处理

飞行参数的获取与前面的章节基本一致,通过基于 FlightGear 和 JSBSim 构建仿真环境、注入自动驾驶仪故障,能够实现基于 FlightGear 和 JSBSim 的执行机构失效场景仿真,获得 CSV 数据文件,将 CSV 文件导入 MATLAB 中,再利用

MATLAB 中的绘图工具,可以获得传感器故障前后飞行器的高度、升降舵位置、俯仰角随时间变化的曲线,如图 12-9、图 12-10、图 12-11 所示。

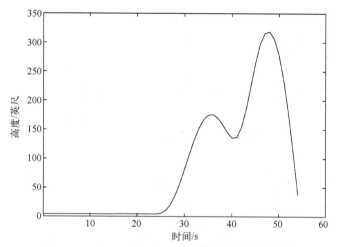

图 12-9　传感器失效前后飞机高度的变化曲线

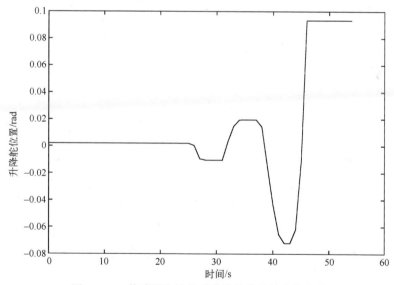

图 12-10　传感器失效前后升降舵位置的变化曲线

　　从图 12-9~图 12-11 中可以看出,由于传感器延迟过久,高度保持 PID 算法接收经过传感器延迟升降速度差,开始调节升降舵,调节飞机高度,因为存在延迟,故调节高度的过程中出现了一定的震荡;在 45s 传感器故障时,由于传感器的输出等于之前的输出,所以 PID 控制程序仍按照之前的数据调节飞机高度,保持升降舵上偏,最终飞机俯冲向地面,来不及调节升降舵下偏。

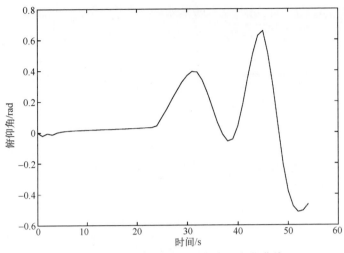

图 12-11　传感器失效时俯仰角的变化曲线

除此之外,利用 JSBSim 中的 position 属性,将 position 属性中的 lat-gc-rad 纬度属性作为横坐标,将 position 属性中的 long-gc-rad 经度属性作为纵坐标,将 position 属性中的 h-agl-ft 高度属性作为竖坐标,同时利用单位转换函数将高度单位转换成"米",即可绘制出如图 12-12 传感器失效时的飞行轨迹图所示的三维飞行轨迹曲线。从三维曲线可以很好地看出飞机从爬升到传感器故障到坠毁的整个飞行过程。

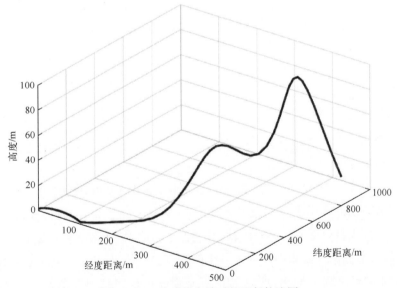

图 12-12　传感器失效时的飞行轨迹图

第 13 章　火箭故障场景仿真

13. 1　与火箭模拟仿真相关的国内外研究现状

13.1.1　火箭建模与仿真

剑桥大学的 C. M. Bishop 和南安普敦大学的 S. Box，提出了一种六自由度被动控制火箭飞行和三自由度降落伞降落的仿真方法。同时提出了一种利用随机参数和蒙特卡罗方法对火箭动力学和大气条件的不确定性进行建模的方法。在此基础上，提出了一种利用历史大气数据对大气条件的不确定性进行量化的方法。核心仿真算法是利用 Runge-Kutta-Fehlberg 方法对火箭运动方程进行数值积分，用三维笛卡儿坐标描述火箭的质心位置，用四元数描述火箭的方向。通过添加高斯噪声，使仿真器的输入参数具有随机性。在大气参数的情况下，噪声的方差是高度的函数，相邻高度的噪声是相关的。核心仿真算法采用随机参数，在蒙特卡罗方法中运行，评估火箭飞行路径的总体不确定性。仿真器用于实际火箭飞行预测，仿真结果表明火箭着陆在仿真预测的 1σ 区域内。试验中测得的受风浪冲击而转向的横向加速度与模拟值有较强的相关性。万隆科技学院的 A. Nurhafid 和 B. R. Trilaksono 对 RKX200 火箭飞行动力学进行了建模和仿真。采用基于力和力矩作用于火箭刚体的第一原理方法，建立了动力学模型。在模型的建立过程中，利用导弹数据通信软件确定了模型的气动系数。建立了六自由度(DoF)非线性模型，以及线性解耦的纵向和横向模型来表征火箭的飞行动力学。利用 Simulink 对模型进行了数值模拟，并利用 FlightGear 对模型进行了运动可视化仿真。在此基础上，将动力学模型和可视化应用程序集成到硬件在环仿真(HILS)环境中进行测试。

13.1.2　火箭制导与控制方法研究

带速率循环的加速度自动驾驶仪是最常用的自动驾驶仪，其在高性能导弹中得到了广泛的应用。然而,对于旋转火箭来说,制导和控制模块的设计是一个具有挑战性的任务,因为箭身的快速旋转在正常和横向火箭动力学之间建立了一个繁琐的耦合。为了解决这一问题,雷胡安卡洛斯大学的 Raúl de Celis 等,研究了火箭动力学的非线性建模、控制设计和制导算法。在此基础上,研究了基于比例导航的末期离散时间制导控制算法。最后,基于真实场景进行了完整的非线性仿真,验证了该方法在发射、环境和火箭等不确定性条件下的稳健性。最终证明高自旋火箭导航、制导和控制系统的性能显著降低了弹着点的分散性。维拉诺瓦大学的 H. Ashrafiuon,提出了一种利用定幅、定长脉冲力控制火箭运动的新方法。建立了刚体制导和姿态控制的连续控制律,推导了通常由推进器提供的等效离散时间定幅和定长脉冲。将该方法应用于具有测量误差、反馈时滞和随机初始姿态误差的火箭制导与姿态控制问题。利用蒙特卡罗仿真方法,在可重复使用和单次使用推进器数量有限的情况下,验证了控制器的性能。

13.1.3 火箭可靠性预测与评估方法

韩国航空大学的 K. H. Moon 和 J. H. Gang 提出了一种基于概率的固体火箭发动机可靠性预测方法。采用故障模式、影响及危害性分析(FMECA)方法来确定部件的可靠性,并将其集成到故障树分析(FTA)中来获得系统的可靠性,定量的 FMECA 是通过载荷和能力的方法来实现的。否则,使用故障率手册进行半定量 FMECA。在固体火箭发动机的多种失效模式中,选取了 4 个最重要的问题来说明载荷和能力方法,即壳体的破裂、断裂和由于螺栓连接和 O 形环密封失效而引起的泄漏。采用 4 种算法确定了这些问题的失效概率,并用蒙特卡罗仿真和系统漏洞扫描与分析软件(Nessus)进行了比较验证。

传统的概率风险评估方法通常要求通过事件序列明确定义故障场景,然后将事件序列量化为集成分析的一部分。当故障传播路径随着系统状态和任务运行时间(MET)的变化而变化时,这种方法就变得很困难。此外,如果传播路径表示即使数量不多的组件之间的交互,那么可能出现的场景的数量在组合上就变得难以处理。NASA 的 D. L. Mathias 和 S. A. Motiwala 提出了一种用于这种情况下故障传播概率量化的替代方法。不是明确地定义场景序列,而是为每个组件创建简单的物理模型。这样,只需要定义组件交互的物理状态和规则,而不是为每个场景定义事件序列。初始化故障被引入系统(随机或根据相对似然定义),故障通过交互规则级联到系统中。这个过程重复使用蒙特卡罗方法,允许最可能的场景在序列路径和频率方面"自进化"。将该方法应用于一架航天运载火箭发动机室发生故障的情况,该火箭发动机室有 4 个液体火箭发动机和 4 个高压氦气罐。对每个发动机的关键部件都进行了建模,如涡轮、燃烧室、推进剂管路和其他支持系统。用 3 种不同的高能发动机失效引发器进行了试验。最终结果包括损失单个额外的发动机和油箱爆裂,这分别代表了任务损失(LOM)和机组人员损失(LOC)的最终状态。结果说明建模方法在捕获大部分相关风险方面的重要性,这些风险可用于评估在运载火箭发射失败过程中对机组的总体风险。

13.2　火箭发动机

JSBSim 中可以对液体燃料和固体燃料火箭进行建模,火箭发动机的比冲是衡量火箭发动机效率的重要物理参数,比冲定义如下:

$$I_{sp} = \frac{T}{\dot{w}}$$

式中:I_{sp} 为比冲;$\dot{w}$ 为推进剂的重量消耗率;T 为推力。比冲的定义为单位推进剂的量所产生的冲量。由于在计算上比冲可以写为推力与推进剂重量或质量流速之比,故又称比冲为比推力。比冲是对一个推进系统的燃烧效率的描述。比冲越高代表效率越好,亦即可以用相同质量的燃料产生更多的动量。

13.2.1　固体火箭发动机

固体火箭具有固定推力和时间特性。通常使用推力与时间的曲线来描述固体火箭的燃烧特性。知道了某种固体火箭推进剂的比冲,燃料燃烧总量的运行总量可以作为时间的函数来计算。在 JSBSim 中,固体火箭发动机推力定义在推力与推进剂燃烧量的关系表中,当需要分散发动机的性能时,这种方法可以更容易地修改推力特性。推进剂点火时的温度会影响推进剂的燃烧速度,制造的变化可以改变火箭发动机的特定副本提供的总冲量。

图 13-1 所示为某航天飞机固体火箭助推器(SRB)的推力(海平面)与时间的曲线。

以上数据可以加载到 Excel 之类的电子表格程序中并进行操作,可以添加一个燃料消耗柱,柱值由比冲、推力和推进剂流量之间的关系决定,一旦这些值都知道了,就可以用 XML 文件指定固体火箭发动机表。

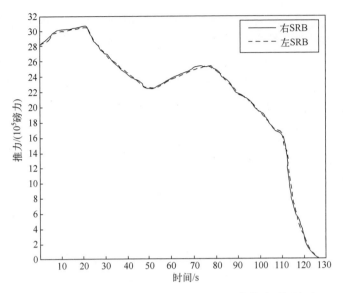

图 13-1　航天飞机固体火箭助推器(SRB)的推力(海平面)
与时间曲线(1 磅力≈4.45N)

13.2.2 JSBSim 中的火箭发动机建模

需要知道的参数除了上面提到的推力和推进剂流量,还有比冲和推力上升时间,以及一些额外的特性完善"油箱"的建模,以便正确计算质量属性。可以提供推力/燃烧时间分布以及总分布,可以利用这些分布表示一系列可能遇到的运行情况。例如,天气炎热时,推进剂会燃烧得更快,产生更大的推力。此外,制造工艺的变化可能导致推进剂颗粒组成的轻微变化,导致发动机的平均总能量(总冲量)高于或低于平均总能量(总冲量)。

固体推进剂发动机规格如下:

```
<?xml version="1.0"?>
<rocket_engine name="solid rocket name">
<isp> number </isp>
<builduptime> time </builduptime>
[ <variation>
[ <thrust> percent </thrust>
[ <total_isp> percent </total_isp>]
```

```
</variation>]
<thrust_table name="name" type="internal">
<tableData>
… …
</tableData>
</thrust_table>
</rocket>
```

下面是四段航天飞机固体火箭助推器的一个例子：

```
<?xml version="1.0"?>
<rocket_engine name="4 Segment Space Shuttle SRB">
<isp> 268 </isp>
<builduptime> 0.2 </builduptime>
<variation>
<thrust>0.02</thrust>
<total_isp>0.00</total_isp>
</variation>
<thrust_table name="propulsion/thrust_prop_remain" type="internal">
<tableData>
<!-- ========= ========== =========== ========= ===
Prop Burn Thrust Total Impls wdot Time
========= ========== =========== ========= === -->
0.0 3060000.0 <!-- 316699.9 11861.4 0.2 -->
1186.1 3060000.0 <!-- 316699.9 11861.4 0.2 -->
10675.3 3166999.3 <!-- 2850299.4 11861.4 1.0 -->
22519.8 3167999.3 <!-- 6012798.7 11827.7 2.0 -->
… …
1113965.3 68000.0 <!-- 297428734.3 254.7 124.0 -->
1114092.6 0.0 <!-- 297462734.3 0.0 125.0 -->
</tableData>
</thrust_table>
</rocket_engine>
```

在运行过程中,火箭发动机的性能可以从推力随时间变化的曲线图(图 13-2)
中看出。

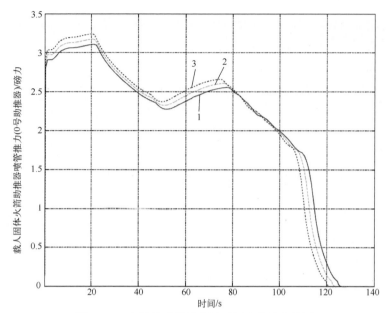

图 13-2   火箭发动机推力随时间变化的曲线图

推力与时间的关系图显示了标称推力水平轨迹(曲线 1),另外还有两条推力变化的轨迹分别是+0.02%和+0.04%(曲线 2 和曲线 3),由正变分所产生的推力使燃烧时间相应缩短,最终总冲量相同,如图 13-3 所示。

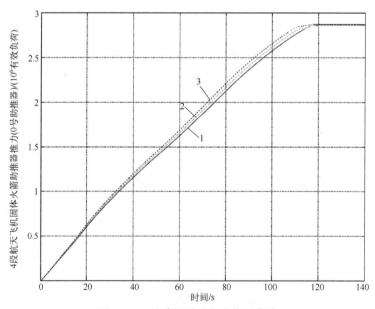

图 13-3   总冲量随时间变化的曲线

推力和总冲量变化可以在运行时通过以下属性设置：

- propulsion/engine/thrust-variation_pct
- propulsion/engine/total-isp-variation_pct

如果有多个发动机,则需要加入下标(例如"[1]")表示。

13.3　JSBSim 中的火箭建模

经过长时间的研究,JSBSim 中的火箭推进飞行模型已经基本实现(例如 X15 飞机),但在实际制作垂直、制导、火箭飞行模型时,则需要添加一些新功能。这里将介绍在 JSBSim 中模拟运载火箭飞行时使用的一些技术。

垂直起飞运载火箭飞行模型(与模型飞行器相比)的一些主要区别是:

(1)起飞(显然)是垂直的;地面效应更强硬,因为地面相比空气更加坚硬。

(2)第一阶段的制导(通常大致对应于大气飞行阶段)通常是开环的,第二阶段飞行遵循更复杂的制导方案,如动力显式制导(PEG)。

(3)控制主要涉及悬挂式效应物(推进器或喷嘴)。

(4)控制通常为全自动。

(5)气动模型是不同的。

(6)传感器建模可能更复杂,因为加速度计等传感器不一定要放在质心(也可能在推进剂箱中)。

利用 JSBSim 对单级火箭飞行进行建模较为简单,但多级飞行较为繁琐。

13.3.1　处理地面效应

对于垂直发射的火箭,需要一种使火箭牢牢地附着在一个点上的方法,就像它被安装在发射平台上一样。要使标准的地面效应起作用并不容易,特别是在发动机点火后和推力达到离开平台的高度之前。因此,这里需要一个新属性,如果设置好,它会产生一个与空气动力、重力和推进力相等且相反的地面反作用力,所以飞行器姿态保持不变,该属性的属性名为 forces/hold-down。

13.3.2　简单火箭制导

火箭垂直飞行的路径通常不是手动飞行的,因为总攻角必须保持很低,以保持结构载荷很小,减小空气阻力。需要关注的一个关键度量是 q * alpha——动压力乘以攻角。

通常上升运载火箭的飞行有以下几个阶段:

(1) 垂直上升阶段;

(2) 反冲角或倾斜阶段;

(3) 重力旋转阶段。

在垂直上升期间,飞行器垂直上升离开发射平台,然后偏转以对准适当的航向。就像当时阿波罗土星五号运载火箭的情况一样,发射后不久,发射塔就发生了轻微的偏航。在反冲角阶段,火箭获得一个初始俯仰角,然后开始零升力重力转向阶段,它以越来越快的速度穿过大气层中较低、密度最大的部分。在该阶段的控制通常是通过平衡主火箭发动机,或通过使用辅助反应控制射流(RCS)。

在 JSBSim 中对垂直火箭飞行建模时,需要解决一些新问题。在垂直上升阶段,由于火箭是垂直指向的,该如何命令火箭滚转到适当的航向?这里使用的坐标系为局部坐标系,该坐标系总是在飞机之下,X 轴指向北,Y 轴指向东方,Z 轴指向下方。局部坐标系的原点在海平面上。火箭箭体骨架使 X 轴沿火箭中心线向前指向火箭头,Y 轴指向"右",Z 轴指向飞行器的底部。对于火箭来说,Y 和 Z 方向似乎是任意的。把火箭放在肯尼迪航天中心、库鲁或拜科努尔的发射台上(举例子),包括设置初始纬度、经度和高度,以及在发射台上确定火箭的方向。因为 JSBSim 中用旋转顺序来描述火箭的方向(箭体方向),相对于局部坐标系就是偏航,然后是俯仰,然后是滚转,可以看出,火箭的朝向可以描述为相对于局部坐标系的俯仰角为+90°。如果火箭有特定的滚动方向,则可以在初始倾斜后进行滚动。初始方向可以在初始文件中用 θ、ψ、ϕ 等欧拉角来定义。

在垂直上升期间,火箭几乎是垂直向上的,这可能会在制导时造成问题,比如我们想保持火箭的垂直或者偏转到特定航向。解决这个问题的一个方法是简单地设计一个控制器,使俯仰和偏航率都保持在零(这样可以让飞行器保持向上),并命令滚转率,以便在仰转开始时实现所需的航向。在开始仰转前,需要仔细控制滚转率,使其上升,然后下降到零。

火箭的控制是通过调节发动机进行俯仰和偏航控制,滚转控制可以通过多台发动机的差动平衡来实现,或为单引擎飞行器使用反应控制射流(RCS)推进器或通过用平衡喷嘴的涡轮排气装置来实现。

13.3.3 火箭建模

这里我们主要解决火箭升空的各个阶段设计的问题,也就是说,在 JSBSim 中模拟运载火箭时什么时候应该开始垂直上升、倾斜和进入重力转向阶段,这在某种程度上与如何组织制导、导航和控制相关。要解决的问题可以总结为:在从地面控制的飞行过程中(可能在脚本中建模),或在运载火箭上,模式变化的时间,时间是模拟仿真运载火箭的重要部分。

所以,在第一阶段飞行中,我们需要一个垂直上升阶段,然后是倾斜阶段,然后是重力转弯阶段——所有这些都是由运载火箭本身控制的。对于 JSBSim 来说就是需要在飞行控制或飞行器配置文件的系统部分设置排序功能。

这里就需要用到 system 部分,system 部分是 JSBSim 最新版本中新添加的部分。可以定义任意数量的组件,使用与飞行控制部分相同的语法。当需要使用系统套件在 JSBSim 中建模制导、导航或电气系统时,就需要用到 system 部分。

与所有 JSBSim 飞机模型一样,需要知道飞行器的以下特性:

- 质量特性
- 几何结构
- 控制
- 推进
- 气动力学
- 地面效应

其中几何结构是最简单的部分,质量特性有些困难,但是我们可以对此做出很好的猜测(一些历史悠久的火箭,如土星五号或土星 IB,在网站或技术论文中可能有参考资料),燃料燃烧可能是一个复杂的因素,因为重心可能会移动,可能有燃料飞溅(用液体推进剂火箭),转动惯量也会改变。控制(制导、导航和控制)是火箭建模中最复杂的部分。火箭的推进可以在 JSBSim 中简单地建模。就难度而言,空气动力学是仅次于控制的。地面效应很简单。

13.4 X15 超声速火箭飞机

X15 超声速火箭飞机(图 13-4,以下简称为 X-15 飞机)是一款飞行速度超快的超声速火箭飞机,X-15 高超声速研究项目是由 NASA 牵头,联合美国空

军、海军和北美航空公司共同进行的。X-15 飞机的速度和高度纪录在 20 世纪
60 年代出现,到达外层空间的边缘,并返回在飞机和航天器设计中有使用价值
的数据。X-15 飞机的官方世界纪录为有史以来最高速度的有人驾驶飞机,在
1967 年 10 月,飞行员威廉 J. 皮特以 7274km/h 或 6.72 马赫飞行,该纪录截至
目前仍然没有被打破。

图 13-4 X15 超声速火箭飞机

在近十年的时间里,X-15 飞机先后创造了 6.72 马赫和 108,000m 的速度
与升限的世界纪录,它的试验飞行几乎涉及了高超声速研究的所有领域,并为
美国后来水星、双子星、阿波罗有人太空飞行计划和航天飞机的发展提供了极
其珍贵的试验数据。在 X-15 飞机整个试验飞行过程中,研究人员根据其飞行
数据总共撰写了 765 份有价值的研究报告。

X-15 飞机采用中单翼设计,最初装备两台 XLR-11 火箭发动机(后改为
XLR-99 发动机)。X-15 飞机机身表面覆盖有一层称作 Inconel X 的镍铬铁合
金,可抵御高速飞行时产生的 1,200° 高温。由于火箭发动机燃料消耗量惊人,
所以 X-15 飞机必须由一架 B-52 载机带入空中。从载机上释放后,X-15 飞机
自身携带的燃料只能飞行 80~120s,因此余下来的 10min 左右只能是无动力滑

翔。降落时,X-15 飞机机身前部下方安装有常规机轮,机身后部则为两个着陆滑撬。

由于采用了火箭发动机,最大速度可以达到 6.72 马赫,是迄今为止人类研制的速度最快的有人驾驶飞机。

13.4.1 发动机

反应发动机 XLR-99 是第一个大型、可节流、可重新启动的液体推进剂火箭发动机。其开发开始于 20 世纪 50 年代,由 Thiokol 化学公司的反应发动机部门为北美 X-15 飞机提供动力。它可以提供高达 254kN 的推力,比冲为 279s。推力从 50% 到 100% 不等,重启能力允许它在飞行中关闭并在必要时重新启动。

发动机由液氧和无水氨推动,由涡轮泵以超过 4500kg/min 的质量流量泵入发动机。和许多其他液体燃料火箭发动机一样,XLR-99 发动机采用了再生冷却,因为推力室和喷嘴周围都有管道,推进剂和氧化剂在燃烧前经过管道,这使发动机保持凉爽,并预热燃料。基本发动机重 413kg。XLR-99 发动机在使用一对反应发动机 xlr11 进行初步试验后,就专用于 X-15 飞机的动力。

13.4.2 自动飞行脚本

JSBSim 中的 X15 飞机自动飞行脚本主要由以下几部分组成:

(1) 飞机初始位置设置:在 1s 时,开启火箭飞机的俯仰保持和滚转,设定飞机的目标俯仰角度。

(2) 发动机启动:在 3s 时,将发动机油门属性设置为 0.5。

(3) 高度保持:在 5s 时,关闭俯仰保持,打开高度保持,并将油门属性设置为 0.7。

(4) 爬升:在 20s 时,关闭高度保持,打开俯仰保持,修改目标俯仰角度,将油门属性设置为 1,保持最大油门。

(5) 发动机熄火:当发动机推力超过 1000 磅力,且仿真时间大于等于 25s 时,关闭高度保持和俯仰保持,将发动机油门属性设置为 0,关闭油门。

(6) 飞机到达最高点:当速度低于 0,且仿真时间大于等于 25s 时,即达到飞行最高点,打印最高点的飞机马赫数、速度、高度、俯仰角、发动机推力、油箱油量等相关飞行参数信息。

(7) 滑翔阶段。

13.4.3 自动驾驶文件

JSBSim 中的自动驾驶仪文件主要起到保持飞机姿态的作用,包括以下 4 部分:

(1) 俯仰保持器:输入为目标俯仰角度,计算目标俯仰角度与当前俯仰角度之差,通过 PID 调节,控制火箭飞机俯仰调节,最终达到目标俯仰角度。

(2) 高度保持器:输入为设定高度,计算设定高度与当前高度之差,通过 PID 调节,控制火箭飞机进行高度调节,最终飞达目标高度。

(3) 升降舵加和器:将俯仰保持器和高度保持器的俯仰和高度命令加起来传递给升降舵命令。

(4) 机翼水平保持器:检测当前滚转角度是否为 0,若不是 0,则通过 PID 调节保持机翼水平状态。

13.4.4 配置文件

X15 飞机配置文件主要包括以下几个部分:

(1) 度量:机翼面积、翼展、翼弦长度、尾翼面积等;

(2) 质量特性:与质量平衡等设置有关,火箭的质量分布;

(3) 地面效应:静摩擦、动摩擦、滚动摩擦、弹跳系数、阻尼系数等;

(4) 自动驾驶仪:指定自动驾驶仪文件名称;

(5) 控制:控制飞机的俯仰、偏航、滚转;

(6) 推进:指定发动机名称、发动机朝向、发动机位置、指定推进器名称、油箱类型、邮箱位置等;

(7) 气动力学:最小阻力系数、诱导阻力系数、侧向力、升力、横滚力矩、俯仰力矩、偏航力矩等。

13.5 火箭系统故障引起的事故

1986 年 1 月 28 日,美国挑战者号在进行代号 STS-51-L 的第 10 次太空任务时,搭载运载火箭准备升空,因为右侧固态火箭推进器上面的一个 O 形环失效,并且导致一连串的连锁反应,尾部燃料舱的液氢舱开始出现泄漏。在升空后 73s 时,爆炸解体坠毁。机上的 7 名宇航员都在该次事故中丧生。事后调查结果表明事故的主要原因是由于发射时气温过低,使右侧固态火箭推进器上上橡胶造的 O 形密封圈失效,造成原本应该密封的固体火箭助推器内高压高热气体泄漏,最终导致高速飞行的航天飞机在高空解体。

2018 年 10 月 11 日,俄罗斯的联盟 FG 运载火箭搭载联盟 MS-10 载人飞船,从哈萨克斯坦拜科努尔航天发射场发射升空,火箭起飞后约 117s 发生故障,紧急启动应急逃逸系统,整流罩携带飞船轨道舱和返回舱脱离火箭,随后返回舱开启降落伞,航天员安全着陆,但此次发射任务失败。本次任务是联盟 FC 火箭自使用以来的首次发射事故,也是世界载人航天史上逃逸塔分离之后首次使用整流罩分离发动机挽救航天员的生命。

根据联盟 FG 火箭发射故障调查委员会的调查发现,发射失败的原因是用于火箭主推级和一子级分离的一台传感器组件在拜科努尔航天发射场组装过程中受损所致。分离传感器变形致使一个助推器的喷嘴盖未能在火箭起飞后 117s 打开,导致该助推器未能与一子级正常分离,其头部与一子级推进剂箱部位相撞,火箭姿态失控,从而引发飞船应急着陆。

13.6 X15 超声速火箭飞机故障注入

从近年来发生的事故可以看出,火箭发射失败的主要原因有发动机故障、姿态失稳、传感器失效等。因此对于 X15 超声速火箭飞机,结合 JSBSim 的仿真特点,可以考虑注入的故障有发动机熄火、油箱泄露、控制系统故障、自动驾驶仪故障等。

13.6.1 自动飞行脚本配置

在故障注入前需要对自动飞行脚本进行简单的修改配置。

1. 加入终止事件

由于加入了故障因素,因此可能导致火箭出现坠毁,进而导致程序崩溃,因此我们需要在自动飞行脚本中加入终止事件,在火箭高度下降到指定高度时,及时地终止仿真,来防止程序跑飞。

在该自动飞行脚本中我们加入的终止事件如下:

```
<event name="terminate">
<condition>
position/h-agl-ft le 10
```

```
</condition>
<set name="simulation/terminate" value="1">
<event>
```

2. 编写输出文件

除了前面讲到的两种输出飞行参数方式外,我们还可以采取另外一种数据输出方式——自己编写一个输出配置文件。

在 JSBSim 根目录的 data_output 文件夹中,新建一个名为 output. xml 文件,其具体配置如下:

```
<?xml version="1.0" encoding="UTF-8"?>
<output name="output. cvs" type="cvs" rate="1">
<property>position/lat-gc-rad</property>
<property>position/long-gc-rad</property>
<property>velocities/mach</property>
<property>velocities/h-dot-fps</property>
<property>position/h-agl-ft</property>
<property>attitude/pitch-rad</property>
<property>fcs/throttle-pos-norm</property>
<property>propulsion/engine/thrust-lbs</property>
<property> propulsion/tank[0]/contents-lbs </property>
<property> propulsion/tank[1]/contents-lbs </property>
<property> propulsion/tank[2]/contents-lbs </property>
</output>
```

其中"name"是希望输出到的文件的名称,加上后缀,即可输出想要的文件格式。"type"为输出数据的方式,这里采用逗号分隔的数据,因此选择 CVS 方式。"rate"是以"Hz"为单位的数据输出速率。

这里输出的主要飞行参数有:高度、速度、马赫数、经度、纬度、油门位置、升降舵偏转角度、俯仰角、发动机推力、油箱油量。

13.6.2 发动机熄火

这里我们可以令发动机油门属性数值为 0 来模拟发动机熄火,具体的属性为 fcs/throttle-cmd-norm,具体代码为

```
<event name="engine stop">
    <condition>simulation/sim-time-sec ge 50.0</condition>
    <set name="fcs/throttle-cmd-norm" value="0.0" />
    <notify>
        <property>velocities/mach</property>
        <property>velocities/h-dot-fps</property>
        <property>position/h-agl-ft</property>
        <property>attitude/pitch-rad</property>
        <property>fcs/throttle-pos-norm</property>
        <property>propulsion/engine/thrust-lbs</property>
        <property>propulsion/tank[0]/contents-lbs</property>
        <property>propulsion/tank[1]/contents-lbs</property>
        <property>propulsion/tank[2]/contents-lbs</property>
    </notify>
</event>
```

以上代码表示在仿真的第 50s,令油门关闭,发动机熄火;同时输出马赫数、速度、高度、俯仰角、油门位置、发动机推力、油箱油量等参数。

13.6.3 油箱泄漏

与油箱有关的属性在推进器属性中,我们可以通过修改油箱油量变化,来模拟油箱泄漏的场景。具体的属性为 propulsion/tank[n]/content-lbs,其中[n]代表油箱编号,可以具体指定某一个油箱发生泄漏。具体代码为

```
<event name="Tank leaked">
    <condition>simulation/sim-time-sec ge 27.0</condition>
    <set name="propulsion/tank[0]/contents-lbs " value="0.0" action="FG_RAMP"
tc="20.0" />
    <notify>
        <property>velocities/mach</property>
        <property>velocities/h-dot-fps</property>
        <property>position/h-agl-ft</property>
        <property>attitude/pitch-rad</property>
        <property>fcs/throttle-pos-norm</property>
```

```
        <property>propulsion/engine/thrust-lbs</property>
        <property>propulsion/tank[0]/contents-lbs</property>
        <property>propulsion/tank[1]/contents-lbs</property>
        <property>propulsion/tank[2]/contents-lbs</property>
    </notify>
</event>
```

以上代码表示在仿真的第27s,令油箱油量开始减小,直到减小到0,这里的 action="FG_RAMP"表示油量成比例减小,tc="20.0"表示比例系数为1/20,燃油泄漏速度可以表示为

$V=($当前油量$-$设定油量$)\times$比例系数

因此这里的燃油泄漏速度就是

$$V=($$当前油量$-0)\times1/20$$

通过前面正常状态的仿真数据我们可以知道,0号油箱在27s时的油量为 7480磅,因此这里计算的泄漏速度为374磅/s。

13.6.4 自动驾驶仪故障

我们可以令前面提到的自动驾驶仪组件中的任何一个组件失效,包括俯仰保持器、高度保持器、升降舵控制器和机翼水平保持器。

这里我们选择在爬升阶段令俯仰保持器失效,具体属性为 ap/pitch-hold,具体代码为

```
<event name="autopilot failure">
  <condition>simulation/sim-time-sec ge 25.0</condition>
    <set name="ap/pitch-hold" value="0.0"/>
  <notify>
        <property>velocities/mach</property>
        <property>velocities/h-dot-fps</property>
        <property>position/h-agl-ft</property>
        <property>attitude/pitch-rad</property>
        <property>fcs/throttle-pos-norm</property>
        <property>propulsion/engine/thrust-lbs</property>
        <property>propulsion/tank[0]/contents-lbs</property>
        <property>propulsion/tank[1]/contents-lbs</property>
```

```
            <property>propulsion/tank[2]/contents-lbs</property>
        </notify>
    </event>
```

以上代码表示在仿真的第 25s,令俯仰保持组件失效,也就是在火箭的爬升阶段,让火箭姿态失稳,随即坠向地面。

13.6.5 控制系统故障

我们可以通过令升降舵舵面卡死,来模拟控制系统发生故障时,火箭飞机姿态失稳,最终坠落的场景。具体属性为 fcs/elevator-cmd-norm,具体代码为

```
<event name = "fcs failure">
    <condition>simulation/sim-time-sec ge 25.0</condition>
        <set name = "fcs/elevator-cmd-norm" value = "1"/>
    <notify>
            <property>velocities/mach</property>
            <property>velocities/h-dot-fps</property>
            <property>position/h-agl-ft</property>
            <property>attitude/pitch-rad</property>
            <property>fcs/throttle-pos-norm</property>
            <property>propulsion/engine/thrust-lbs</property>
            <property>propulsion/tank[0]/contents-lbs</property>
            <property>propulsion/tank[1]/contents-lbs</property>
            <property>propulsion/tank[2]/contents-lbs</property>
    </notify>
</event>
```

以上代码表示在仿真的第 25s,令升降舵向下偏移到最大,火箭姿态失去稳定性,最终下坠。

仿真步骤如下:

(1) 首先,在 X15 飞机的自动飞行脚本中创建新的事件,分别加入以上故障因素,之后将脚本文件放入 jsbsim-master\scripts 文件夹中。

(2) 编写输出配置脚本 output. xml,选择需要输出的飞行参数,将其放入 data_output 文件夹中。

(3) 到 FlightGear 官网机库(http://mirrors. ibiblio. org/FlightGear/ftp/Air-

craft/)中下载需要仿真的超声速火箭飞机——X15飞机,将下载后的压缩包解压到 FlightGear 根目录下的 data\Aircraft 文件夹中。

(4)打开 Flightgear,在"机型"选项中选择刚刚解压的 X15 飞机。之后在"设置"选项中的命令行输入:

```
--timeofday=noon
--native-fdm=socket,in,60,,5508,udp
--fdm=external
```

(5)点击 FlightGear 的"Fly!"按钮进入 FlightGear 仿真场景,初始界面为所选机型和机场。

(6)Flightgear 运行后,打开系统命令执行程序,指定 JSBSim 路径,运行JSBSim,输入命令行:

```
<path>\JSBSim.exe
--realtime
data_output/flightgear.xml
data_output/output.xml
script=scripts/xxx
```

其中第三行和第四行分别是将飞行参数输出到 FlightGear 和按照规定格式输出到 cvs 文件。

(7)随着 JSBSim 的运行,可以看到 FlightGear 中视景仿真的开始,系统命令执行程序界面显示实时飞行参数,而记录完整飞行过程的 CSV 文件则保存在JSBSim 文件夹中。

13.7 超声速火箭飞机故障场景仿真结果

13.7.1 正常状态下 X15 超声速火箭飞机飞行场景仿真

正常状态下,飞机的飞行过程主要经历发动机启动、高度保持、爬升、发动机熄火、飞机到达飞行最高点和飞机无动力滑翔几个阶段。如图 13-5、图 13-6和图 13-7 所示,分别为 X15 飞机的高度保持、飞机爬升和飞机无动力滑翔的仿真图。

图 13-5　正常状态下 X15 飞机高度保持阶段的 FlightGear 仿真图

图 13-6　正常状态下 X15 飞机爬升阶段的 FlightGear 仿真图

图 13-7　正常状态下 X15 飞机无动力滑翔阶段的 FlightGear 仿真图

将飞行数据导入 MATLAB 中,用 MATLAB 分别画出高度、速度、0 号油箱油量、油门位置、发动机推力和俯仰角随时间变化的曲线,分别如图 13-8~图 13-12 所示;同时利用仿真过程的高度、经度、纬度等飞行参数信息画出飞行轨迹图,如图 13-13 所示。

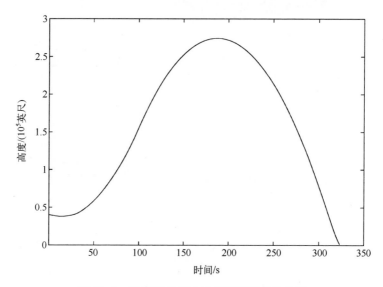

图 13-8　正常状态 X15 飞机高度变化的曲线

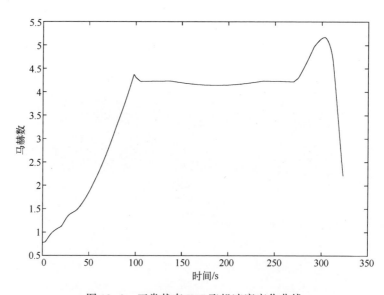

图 13-9　正常状态 X15 飞机速度变化曲线

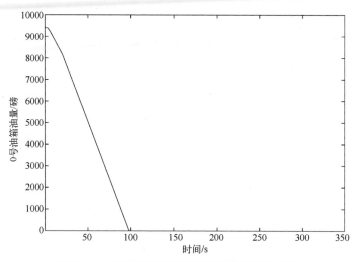

图 13-10 正常状态 X15 飞机油箱油量变化曲线

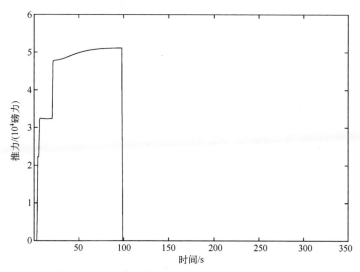

图 13-11 正常状态 X15 飞机发动机推力变化曲线

三维轨迹图如图 13-13 所示。

从以上数据图可以看出火箭在约 187s 时达到最高高度 274223.7 英尺左右;在 99s 时,油箱油量耗尽,速度在这时也达到最快,约 4.35 马赫,由于油量耗尽发动机推力降为 0,油门关闭;俯仰角在 47s 左右达到最大,约为 0.79rad,在发动机失去动力后,俯仰角开始剧烈减小,最后火箭向下俯冲。

从三维轨迹图中可以看出火箭经历了高度保持、爬升、达到最高点后发动机熄火,最后无动力滑翔几个阶段。

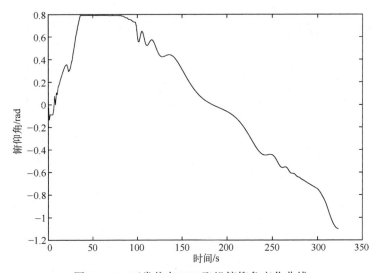

图 13-12　正常状态 X15 飞机俯仰角变化曲线

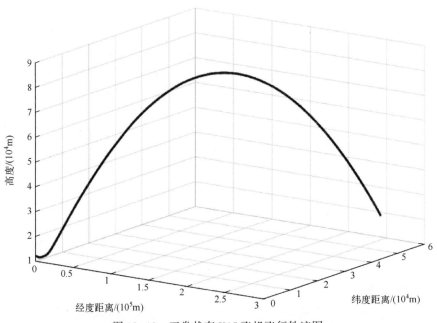

图 13-13　正常状态 X15 飞机飞行轨迹图

13.7.2　发动机熄火故障场景仿真

在 20s 时,令火箭发动机熄火,火箭在失去动力到达最高点后开始逐渐坠落,如图 13-14 所示,为 X15 飞机发动机熄火坠落的仿真图。

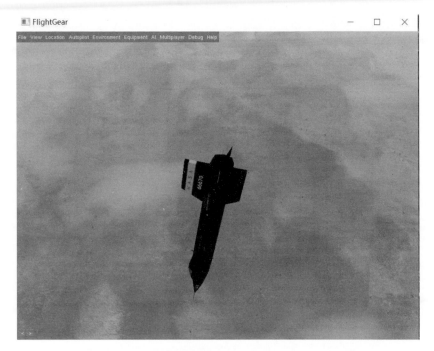

图 13-14　X15 飞机发动机熄火坠落的 FlightGear 仿真图

图 13-15 ~ 图 13-19 所示分别为发动机熄火与正常状态 X15 飞机的高度、速度、发动机推力、油箱油量以及俯仰角变化曲线。

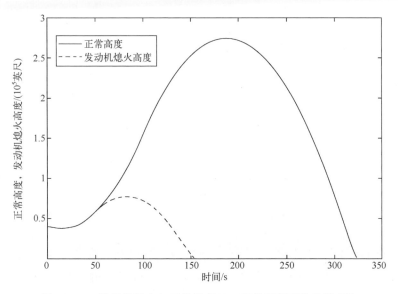

图 13-15　发动机熄火与正常状态 X15 飞机高度变化曲线对比

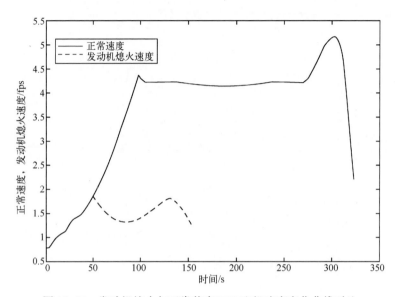

图 13-16　发动机熄火与正常状态 X15 飞机速度变化曲线对比

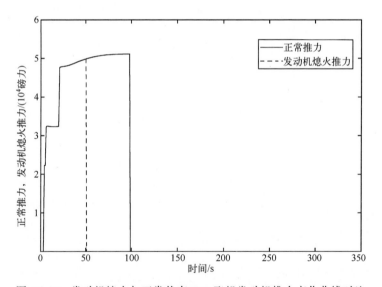

图 13-17　发动机熄火与正常状态 X15 飞机发动机推力变化曲线对比

从以上数据图可以看出火箭在约 82s 时达到最高高度 77118.9 英尺左右；在 50s 时，由于发动机熄火，火箭失去推力，速度和俯仰角随之开始剧烈减小，最后火箭向下俯冲。

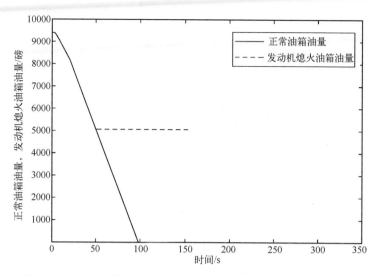

图 13-18　发动机熄火与正常状态 X15 飞机油箱油量变化曲线对比

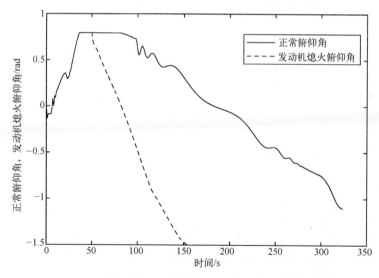

图 13-19　发动机熄火与正常状态 X15 飞机俯仰角变化曲线对比

从三维轨迹图(图 13-20)中可以看出火箭经历了高度保持、爬升、发动机熄火、达到最高点后、无动力滑翔几个阶段。

13.7.3　油箱泄漏故障场景仿真

在 20s 时,令火箭油箱成比例泄漏,最终火箭 0 号油箱燃油量剩余量为 0,发动机失去动力,火箭在到达最高点后开始向下坠落,如图 13-21 所示,为火箭油箱泄漏过程的仿真图。

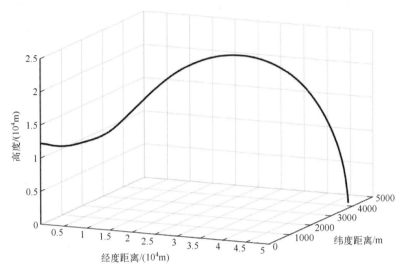

图 13-20　发动机熄火飞行轨迹图

图 13-21　X15 飞机油箱泄漏坠毁的 FlightGear 仿真图

图 13-22~图 13-26 所示分别为油箱泄漏与正常状态 X15 飞机的高度、速度、发动机推力、油箱油量、俯仰角变化曲线。

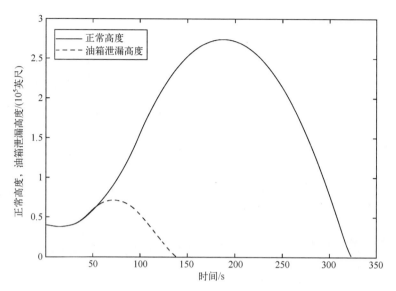

图 13-22　油箱泄漏与正常状态 X15 飞机高度变化曲线对比

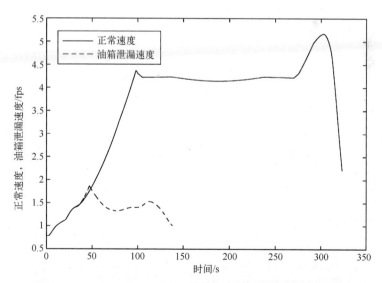

图 13-23　油箱泄漏与正常状态 X15 飞机速度变化曲线对比

从以上数据图可以看出火箭在约 71.9s 时达到最高高度 71331.5 英尺左右;在 47s 时,由于油箱以 374 磅/s 的速度泄漏,油箱油量耗尽,速度在这时也达到最快,约 1.86 马赫,随后发动机推力降为 0;在 48s 时,油门关闭;俯仰角也在 47s 左右达到最大,约为 0.79rad,在发动机失去动力后,俯仰角开始剧烈减小,最后火箭向下俯冲。

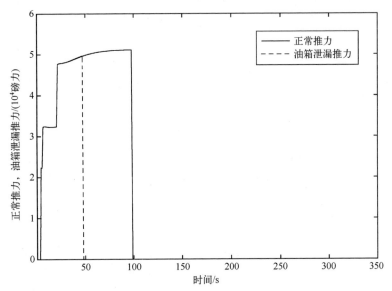

图 13-24   油箱泄漏与正常状态 X15 飞机发动机推力变化曲线对比

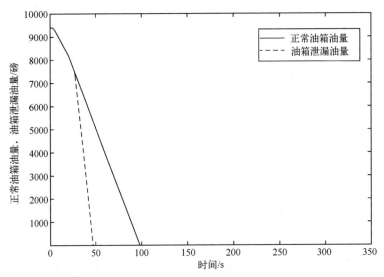

图 13-25   油箱泄漏与正常状态 X15 飞机油箱油量变化曲线对比

从三维轨迹图(图 13-27)中可以看出火箭经历了高度保持、爬升、油箱泄漏、发动机熄火、达到最高点后,无动力滑翔几个阶段。

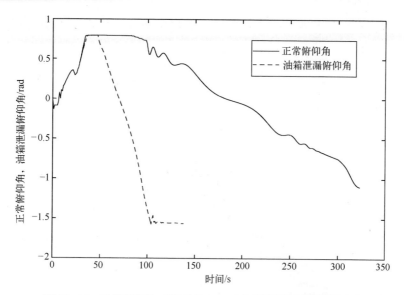

图 13-26　油箱泄漏与正常状态 X15 飞机俯仰角变化曲线对比

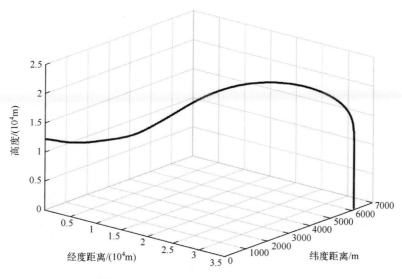

图 13-27　X15 飞机油箱泄漏飞行轨迹图

13.7.4　自动驾驶仪故障场景仿真

　　在火箭高度保持阶段,令火箭自动驾驶仪的组件高度保持器失效,火箭姿态失稳,向斜下方运动,如图 13-28 所示,为火箭高度保持器失效后火箭姿态失稳的仿真图。

图 13-28　X15 飞机高度保持器失效后火箭姿态失稳的 FlightGear 仿真图

图 13-29 至图 13-33 所示分别为自动驾驶仪故障与正常状态 X15 飞机的高度、速度、油箱油量、发动机推力、俯仰角变化曲线。

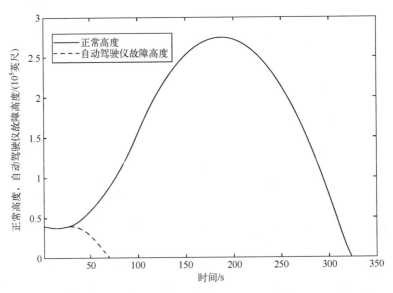

图 13-29　自动驾驶仪故障与正常状态 X15 飞机高度变化曲线对比

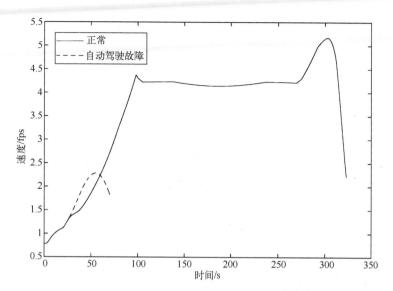

图 13-30　自动驾驶仪故障与正常状态 X15 飞机速度变化曲线对比

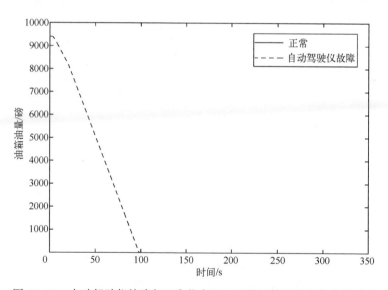

图 13-31　自动驾驶仪故障与正常状态 X15 飞机油箱油量变化曲线对比

从以上数据图可以看出火箭在约 29s 时达到最高高度 40015.6 英尺左右；在 25s 时，由于自动驾驶仪中的俯仰保持器组件失效，飞机俯仰角开始剧烈减小，降为 0° 以下，同时由于火箭姿态失稳，发动机推力也随之减小，最后火箭向下俯冲坠毁。

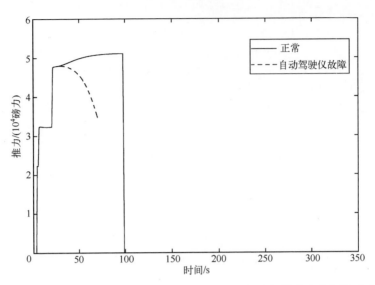

图 13-32　自动驾驶仪故障与正常状态 X15 飞机发动机推力变化曲线对比

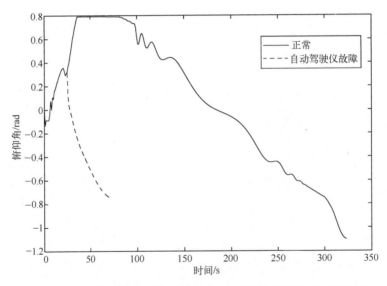

图 13-33　自动驾驶仪故障与正常状态 X15 飞机俯仰角变化曲线对比

从三维轨迹图(图 13-34)中可以看出火箭经历了高度保持、爬升、自动驾驶仪失效、姿态失稳、坠毁几个阶段。

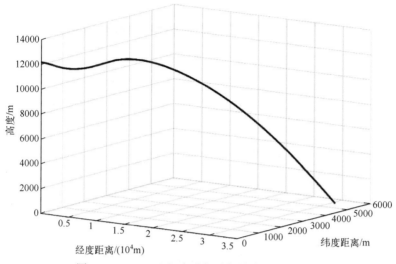

图 13-34　X15 飞机自动驾驶仪故障飞行轨迹图

13.7.5　控制系统故障场景仿真

在火箭爬升阶段,令火箭升降舵舵面向下偏转并锁死,模拟火箭控制系统故障,火箭失去原有平衡和方向,向下坠毁。如图 13-35 所示,为火箭控制系统故障时火箭失去平衡的仿真图。

图 13-35　X15 飞机控制系统失效后火箭坠落的 FlightGear 仿真图

图 13-36~图 13-40 为用 MATLAB 描绘的飞行参数随时间变化的曲线图。

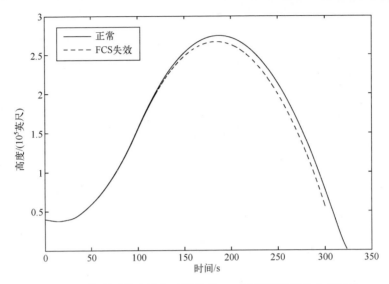

图 13-36　控制系统失效与正常状态 X15 飞机高度变化曲线对比

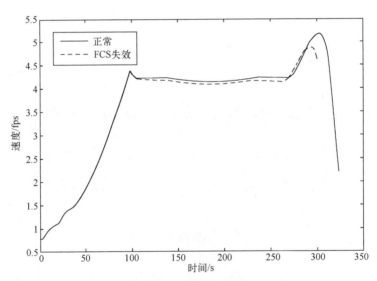

图 13-37　控制系统失效与正常状态 X15 飞机速度变化曲线对比

　　从以上数据图可以看出,飞机控制系统中的升降舵控制系统故障时,飞机飞行参数的变化主要表现在俯仰角的急剧变化上,控制系统的故障使升降舵向下偏转,此时自动驾驶仪并未故障,故自动驾驶仪想要保持正常飞行姿态,因此控制升降舵向反方向偏转,因此就出现了图 13-40 控制系统失效与正常状态

X15 飞机俯仰角变化曲线对比中俯仰角的上下剧烈变化。同时由于俯仰角度
的影响,飞机的飞行高度和速度均较正常状态出现了一定的偏差。

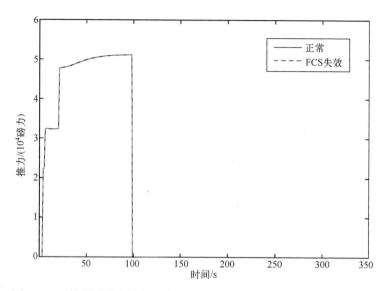

图 13-38   控制系统失效与正常状态 X15 飞机发动机推力变化曲线对比

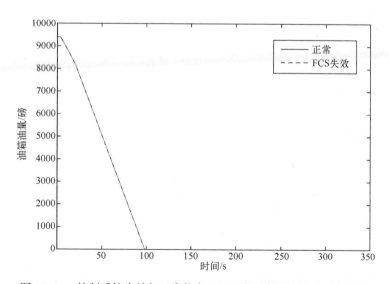

图 13-39   控制系统失效与正常状态 X15 飞机油箱油量变化曲线对比

从三维轨迹图(图 13-41)中可以看出火箭经历了高度保持、爬升、火箭控
制系统故障、达到最高点后、无动力滑翔几个阶段。

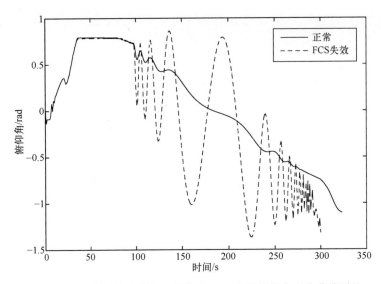

图 13-40　控制系统失效与正常状态 X15 飞机俯仰角变化曲线对比

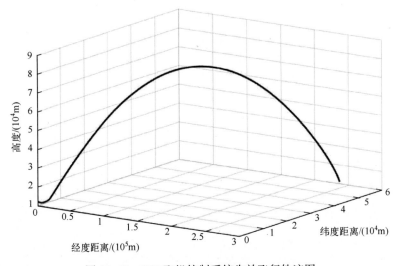

图 13-41　X15 飞机控制系统失效飞行轨迹图

第 14 章　机动特性增强系统故障模拟

14.1　机动特性增强系统引发的事故

波音 737 MAX 是美国波音公司旗下的波音 737 第四代机型,配备最新的 LEAP-1B 发动机,原本被波音寄予厚望,并与空客 320 neo 机型展开竞争,却因为该机型新增的机动增强系统(MCAS)导致两起重大的民航事故的发生,最终被全球停飞。

2018 年 10 月 29 日,印尼狮航的一架波音 737 MAX8 飞机从印尼雅加达-苏加诺-哈达国际机场起飞,执行到邦加槟城德帕提·阿米尔机场的 JT-610 航班,在起飞后不久后坠入海中,机上 189 人全部遇难。2019 年 3 月 10 日,埃塞俄比亚航空 ET302 航班的一架波音 737 MAX 8 飞机,从埃塞俄比亚斯亚贝巴-伯乐机场起飞后不久坠毁,机上 157 人无一生还。

两架波音 737 MAX 飞机在短短几个月的时间内相继坠毁,造成大量人员伤亡。在埃塞俄比亚航空公司 ET302 航班空难发生后,中国率先在国内停飞波音 737 MAX 机型,随后该型号飞机在全球被停飞。

据调查,造成这两起事故的主要原因是飞机的迎角传感器发生故障,将错误的迎角信号传递给飞行计算机,触发波音 737 MAX 飞机的机动特性增强系统(MCAS)。机动特性增强系统是波音公司设计的用来对波音 737 MAX 飞机进行失速保护的最新功能,通过控制水平安定面使机头下俯从而防止飞机在飞行过程中迎角过大而失速;原本被设计用来保护飞机的功能,却因为错误的迎角传感器信号使姿态正常的飞机开始低头,机组人员发现这一异常后开始拉起机头,然而机动特性增强系统却不会因此而关闭,并与机组人员不断争抢飞机的俯仰控制权,最终导致飞机坠毁。

2019 年 5 月 20 日波音(Boeing)公司首度承认,用来培训飞行员的 737 MAX 型飞机模拟器软件存在瑕疵,训练模拟器上使用的软件无法重现某些飞行条件,这些条件包括导致 2019 年 3 月 10 日埃航公司 ET302 飞机坠毁的情况,也模拟不出防失速系统失灵的困难状况。波音公司表示:"公司已对 737 MAX 模拟器软件做出修正,并为设备操作人员提供额外资讯,以确保模拟器在不同的飞行条件下都具有代表性。"

这进一步显示出飞行失效仿真的重要性,若波音公司能在 737 MAX 生产过程中能对机动特性增强系统(MCAS)进行充分的仿真、验证和完善,若飞行员能在早期训练中能针对这两起事故中遇到的情况进行模拟训练,则会对 MCAS 有深入的了解,对于机动特性增强系统失灵的处理程序也将更加熟练准确,或许能够避免惨剧的发生;由此可见,开展飞行失效仿真对于飞行安全和可靠起着不可替代的作用。

本章将对印尼狮航 JT-610 航班的事故发生原因进行分析,并对机动特性增强系统进行介绍,最后针对事故发生的主要原因(MCAS)进行建模仿真,还原事故发生经过,获取模拟数据。

14.2 印尼狮航 JT610 航班事故分析

2018 年 11 月 1 日,JT610 的数字式飞行数据记录仪的存储单元被搜救团队恢复,存储单元被送至印尼交通安全委员会(KNKT)下载记录仪数据,读数由印尼交通安全委员会(KNKT)调查人员在澳大利亚(ATSB)运输安全局的参与下进行,美国国家运输安全委员会(NTSB)和新加坡运输安全调查局(TSIB)作为认可代表。

记忆单元记录了 1790 个参数和大约 69h 的飞机作业,其中包括了事故飞行在内的 19 次飞行。

数字式飞行数据记录仪(DFDR)记录的事故发生过程的几个重要参数,如图 14-1 所示。

14.2.1 迎角传感器、襟翼及抖杆信号分析

从图 14-1 中可以看出:

(1)飞机的两个 AOA 迎角数据从一开始就存在差异,并且在飞机刚刚离地就开始出现抖杆警告(至少一侧),抖杆警告几乎一直持续到飞机最后坠海。

说明事故最关键的原因———一侧的 AOA 信号故障在离地之前已经出现,一直到飞机坠海。另外,在事故的几乎全过程,飞行员都要应对(虚假的)抖杆警告的干扰。

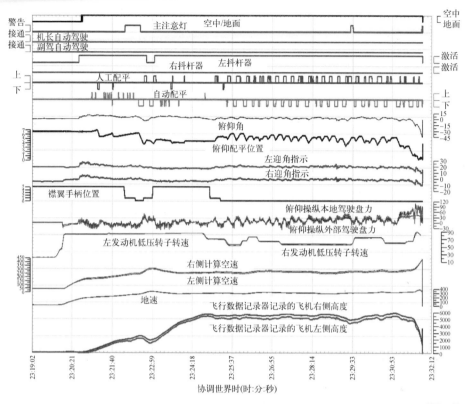

图 14-1　事故发生过程中飞行的重要参数图

（2）中间有一小段时间抖杆警告消失，而这段时间，飞机的高度出现了下降，同时飞机的襟翼由收上位又重新放到了襟翼 5°的位置。

说明此时机组可能执行了失速改出程序，并且放出襟翼，希望帮助改出失速。

（3）飞机高度短时下降后，又重新保持襟翼 5°爬升到 5000 英尺附近，随后机组重新将襟翼收回到 0°。

14.2.2　发动机参数分析

图 14-2 所示为事故发生过程中飞机发动机参数图。

从图 14-2 中可以看出：

（1）飞机离地后，机组将推力设置在约 80%～85%N1 的位置，说明机组在初始爬升时的推力设置基本符合检查单里的空速不可靠的推力设置要求。

（2）飞机起飞后申请到 5000 英尺的高度保持，而非雅加达机场通常的起

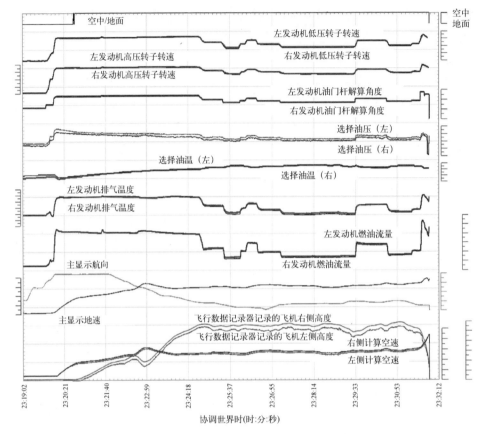

图 14-2　事故发生过程中飞机发动机的重要参数图

始爬升高度 6000 英尺,同时机组在 5000 英尺时的平飞油门设置在 50%~60% 之间,这与"空速不可靠"检查单里根据飞机重量(189 人、1 小时航程推算)检查表设定的性能数据吻合。

（3）从上面这些迹象看,机组(根据飞机记录的之前存在的故障)应该在起飞之前做了比较充分的预案。在到达 5000 英尺之前,除了短时的高度下降和襟翼再次放出外,所出现的情况基本都在机组的预案和掌控之内。

14.2.3　安定面配平数据分析

最后再来分析最关键的安定面配平数据(图 14-1 中从上到下数第 7 条曲线表示人工配平曲线、第 8 条曲线表示自动配平曲线、第 9 条曲线表示安定面配平位置曲线、最下方第 16 条曲线表示高度曲线):

（1）飞机在那次短时的高度下降之前,飞机开始自动向下配平(下俯配平)。随后机组短时向上(向后)打配平,然后松开配平电门。随后飞机再次自动向下配平,机组再次短时向上打配平。这样往复交替了 2 次。随着襟翼的再次放出,这种交替中止了。

机组第一次将襟翼收到 0(收上位)时,满足了 MCAS 的启动条件,由于飞机有抖杆信号,MCAS 开始向下打配平,机组感受到异常杆力,向上人工打配平,这样的人工输入中止了 MCAS 的工作。随后机组松开配平电门,MCAS 重新启动。

(2)襟翼再次收上后,飞机再次开始自动向下配平,随后机组向上(向后)打配平,机组松开配平电门,飞机再次向下配平。安定面配平位置在 3.5~6.5 之间交替往复。这样的交替往复过程总共进行了 25 次之多,这个过程持续了约 6min35s,直至最后坠海。

飞行员使用配平的本能是,只要杆上不再有力,就不会再使用电动配平——在安定面配平位置的来回争夺战中,机组只是抢回失去的阵地就松手,随后 MCAS 又争夺,机组又夺回。

波音 737 的设计里,如果速度减小到接近失速速度,升降舵感觉偏移模块(EFS)会让杆力变得很大。由于 EFS 的作用,加上持续的抖杆干扰,也许还有疲劳的影响,这可能是让机组在长达 6min35s 的时间里不停地和自动驾驶配平较劲,但却没有觉察到安定面配平工作异常的原因。

(3)直到坠海之前,依然有人工配平的输入。

飞机的人工电动配平始终是可以工作的。另外,机组直到最后一刻都是有意识的。

(4)机组人工配平结束后,到自动向下配平开始之间,有短时的时间缺口,约 5s。

这种 5s 延时是 NG 飞机也有的速度配平系统 STS 的工作特性。但在波音提供的 MAX 飞机独有的 MCAS 功能介绍里却未提及。

(5)当襟翼不在收上位的时候(MCAS 不启动),飞机也会自动向下配平,这是手册里描述的速度配平系统 STS 的功能之一。

14.2.4 飞机失控时刻关键参数分析

图 14-3 所示为航班失事最后时刻参数图。

机组在 5000 英尺的高度上,已经与自动配平在安定面配平的设置上往复交替"斗争"了约 6min。

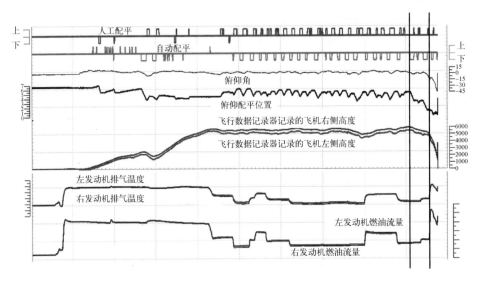

图 14-3 航班失事最后时刻参数图

从图中左侧竖线开始,飞机再次自动向下配平,这次持续的时间比之前的稍长,持续了约 10s。安定面配平位置从 5.5 变化到 3.5 个单位。机组向后带杆的同时向后打配平,飞机自动配平停止。机组有 2 次向后的人工配平输入,但持续时间都很短,安定面配平位置维持在 3.5 个单位没有变化。机组松开人工配平后,飞机再次自动向下配平,这次持续的时间也比较长,也大约用了 10s,安定面配平位置从 3.5 变化到 1.3 个单位。机组短时向后人工配平,飞机自动配平停止。

从图中右侧竖线开始,飞机自身的杆力大大超过机组施加的杆力——证明机组已经带不动杆了,飞机失去控制,高度也开始往下急坠。

飞机开始急坠后,机组向后持续带杆的同时,迅速前推油门到最大,应该是试图克服飞机下俯的力矩。但随后可能是迅速增加的速度让机组犹豫,又收回了一点油门。

机组人工配平输入停止后 5s,飞机再次自动向下配平,安定面配平位置从 1.3 变化到 0.3 个单位——这是最后一根稻草。随后机组虽然使用人工配平将安定面配平位置往回调整了约 0.5 个单位,但已经无力回天。

与前面阶段机组还能与自动配平"抗衡"的不同之处在于,最后阶段飞机自动向下配平的持续时间变长,而机组人工向上(向后)配平的持续时间变短,此消彼长,安定面配平实际位置迅速变化,最后飞机杆力太大,机组无法控制,导致悲剧发生。

14.3 波音737 MAX 的机动特性增强系统

14.3.1 飞机的迎角与失速

飞机之所以能升空,升力是关键。简单而言,飞机要想产生升力,其机翼必须与空气有相对运动(空气动力),或者说,必须有具备一定速度的气流流过机翼表面。飞机的升力,即来源于气流作用在机翼上、下表面的压力差。

这个压力差是怎么产生的?最直接的因素就是机翼的剖面形状,称为翼型。从剖面上看,大部分亚声速飞机的机翼前端圆钝、后端尖锐,上表面拱起、下表面较平,呈鱼侧形。假设翼型有一个不大的迎角,当气流迎面流过机翼的前缘时,原来的一股气流被分成上下两股,分别流经机翼的上下表面,在后缘又合成一股。

图 14-4 所示,由于机翼上表面拱起,使上方气流的通道变窄,流速变快;而下翼面的气流流动通道扩大,流速减小。根据伯努利定理(气流速度越快,压强越小),机翼上方的压强降低,下方压强增大,于是就在上下翼面之间形成了一个压强差,从而产生一个向上的合力。这个合力垂直于气流方向的分量即为升力。

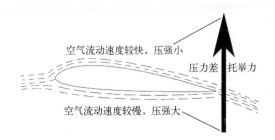

空气流动速度较快,压强小

压力差 托举力

空气流动速度较慢,压强大

图 14-4 翼型的上下翼面气流模拟

但影响飞机升力的因素不止于此,它还与迎角的大小有关。迎角也叫攻角,是指飞机机翼的翼弦(机翼前缘–后缘连线)与相对气流之间的夹角。可以想象,迎角对流过上下翼面的气流也有直接影响,从而对飞机的升力产生影响。

对于同一个机翼,迎角不同,产生的升力也不同。一般而言,不对称的流线翼型(例如"上凸下平"翼型)在迎角为零时仍可产生升力,而对于对称翼型(通常见于平尾)和平板翼型,这时产生的升力为零。随着迎角的增大,无论是对称翼型,还是不对称翼型,升力都会随之增加(就像风筝,只要迎角合适,依然能够产生升力）。但是，当迎角增大到一定程度时，气流就会从机翼前缘开始分离，尾部会出现很大的涡流区，导致升力突然下降、阻力迅速增加。如图 14-5 所示，这种现象称为失速。

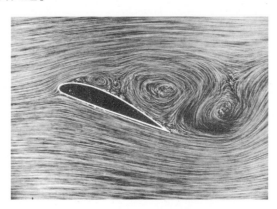

图 14-5　飞机失速时翼面的紊乱气流

失速刚刚出现时的迎角称作临界迎角（多数翼型失速迎角为十几度），它代表在其他条件相同的情况下，飞机得到最大升力的迎角。

根据模拟数据，当失速发生时，绕过机翼上表面的气流由于空气自身黏性的作用，流速会减慢，甚至减慢到零，而上游还有尚未减速的气流仍然源源不断地流过来，此时减速了的气流就成为了阻碍，最后气流就不可能再沿着机翼表面流动了。这时机翼的上下表面无法再形成足够的压强差，也就不能形成足够的升力，导致飞机不能保持正常飞行。

所以，失速并不是指飞机速度不足，而是指流经机翼上表面的气流速度不够，不足以平滑地流动到后缘。很多的航空事故都是由于失速引起，因此，飞机都要求在临界迎角（最大升力的迎角）以下一定范围内飞行，不允许靠近更不允许超过，以避免发生失速的危险。

14.3.2 水平安定面、升降舵

在深入介绍速度配平系统（STS）和 MCAS 之前，我们要先了解什么是水平安定面和升降舵。

以飞机重心为受力点，飞机通过调节水平尾翼（包括水平安定面和升降舵，如图 14-6 所示）的升力大小来控制飞机俯仰（抬头/低头）。

水平尾翼中，前面面积较大的称为水平安定面，后面面积稍小的称为升降舵。

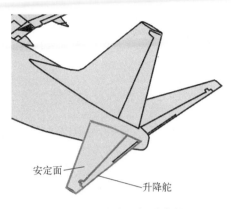

图 14-6　安定面与升降舵

　　水平安定面面积比升降舵更大,俯仰控制效能更高,同样的俯仰改变效果所需要调整的角度比升降舵更小,使用配平驱动的控制方式,以达到更精准的控制效果。

　　对于波音 737(CL/NG/MAX)飞机,飞行员通过前后移动驾驶杆,控制飞机的升降舵的角度。飞机自动驾驶和飞行员人工通过电动或者人工配平安定面,控制水平安定面的角度。安定面配平可以电动控制(自动驾驶和人工电动配平),也可以人工控制(手摇配平轮)。图 14-7 为波音 737 MAX 驾驶舱。

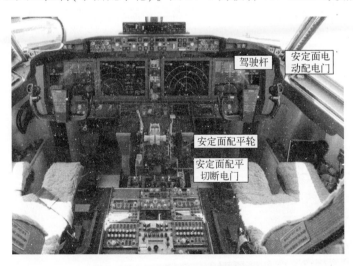

图 14-7　波音 737 MAX 驾驶舱图

水平安定面的作用是:
(1) 当飞行员/自动驾驶需要在杆(升降舵)上持续地施加一个力量(不论

推杆还是拉杆)才能获得希望的俯仰状态时,可以人工调整或者由飞机系统自动调整安定面的角度,帮助减小俯仰操纵的力量需求——飞得更轻松。

(2) 当飞机处于危险的大迎角状态时(接近失速),飞机也可以自动调整安定面的角度,帮助减小迎角,避免失速——避免失速危险。

这就是安定面的安定(stabilize)作用。我们现在可以理解,这个部件之所以被称为安定面,是因为这个部件的作用就是用来起安定、稳定的作用,提高飞机俯仰方向(抬头/低头)的安定/稳定性。

14.3.3 安定面配平方式

水平安定面对俯仰进行配平,有 4 种配平方式:主电配平、自动驾驶配平、速度配平和人工配平。

1. 主电配平

电动马达受控于驾驶盘上的安定面配平电门。配平电门是弹簧式电门,由 2 块组成,正常情况下 2 个电门同时向下按或同时向上按才能使安定面移动。

在主电安定面配平时,会根据当前襟翼是放出还是收上情况决定安定面的配平速度和配平范围:

(1) 当襟翼收上时,低速配平以每秒 0.2 个单位移动安定面。

(2) 当襟翼没收上时,高速配平以每秒 0.4 个单位移动安定面。

主电配平范围(波音 737NG 不同机型有不同的襟翼收上配平范围):

(1) 襟翼放出 0.05~14.5 单位;

(2) 襟翼收上 4.30~14.5 单位(波音 737700 飞机);

(3) 襟翼收上 3.95~14.5 单位(波音 737800 飞机)。

当安定面位置超出了既定范围,主电配平的指令线路会被断开,安定面就无法继续移动。

2. 自动驾驶配平

在自动驾驶接通情况下,飞行控制计算机(FCC)的自动驾驶功能模块控制升降舵改变俯仰姿态,在需要用到安定面配合升降舵时或者为保持一个合适姿态时会给安定面发出配平指令让安定面移动。这和我们人工操纵飞机用主电配平让安定面辅助升降舵的原理是一样的。

3. 速度配平

速度配平是飞行控制计算机的一个功能模块,一般情况下,俯仰姿态大,空速就小,俯仰姿态小,空速就大。根据手册给出的定义来理解,如果出现俯仰姿态大的情况下,那么空速就会小,飞机就不会太稳定,飞行控制计算机监控安定面位置、推力手柄位置、空速和垂直速度的输入信号,就会启动速度配平:让安定面自动向减小俯仰姿态的方向移动,从而增加飞机空速,让飞机处于一个合理的稳定状态。一旦飞机返回到配平速度,速度配平系统指令安定面的移动就解除了。也就是说速度配平是飞行控制计算机对飞机状态的监控与自我保护。

4. 人工配平

人工通过转动手轮移动前后钢索鼓轮,后钢索鼓轮移动齿轮箱和丝杠。当丝杠移动时,水平安定面移动。

人工配平操控任何其他配平,人工配平的范围为 $-0.20 \sim 16.9$ 单位,安定面前缘向上最大移动 $4.2°$,向下最大移动 $12.9°$,中立位置是 $0°$ 或者是 4 个配平单位。

安定面操纵的优先顺序:

(1)人工操纵:用安定面配平手轮人工操纵水平安定面,人工配平手轮的转动带动安定面指示器指针指示;

(2)电动操纵:用安定面配平电门进行电动操纵,带动人工配平手轮和安定面指示器指针;

(3)自动驾驶操纵:自动驾驶仪通过数字式飞行控制系统(DFCS)自动操纵安定面。

14.3.4 速度配平

速度配平在波音公司的波音 737 飞机官方手册中的解释为:

速度配平系统(STS)是一种速度稳定增强系统,当自动驾驶未接通时,速度配平系统在小全重、重心靠后和大推力情况下改进飞机性能。速度配平系统通过指令安定面与速度相反的方向移动,使飞机返回到配平速度。它监控安定面位置、推力手柄位置、空速和垂直速度的输入信号,然后使用自动驾驶安定面配平来配平安定面。一旦飞机从配平速度增速或减速,以特定方向指令安定面,使飞机回到配平速度。增加驾驶杆力量以用力使飞机返回到配平速度。一旦飞机返回到配平速度,STS 指令安定面的移动就解除了。

该系统在起飞、爬升和复飞时使用。速度配平的操作条件如下:

(1)速度配平系统(STS)马赫增益在指定空速 100n mile/h 和 0.6 马赫之间完全激活,到 0.68 马赫之前减小为零;

(2)起飞后 10s;

(3) 松开配平电门后的 5s;

(4) 自动驾驶未接通;

(5) 感应到需要配平。

从以上官方解释可以看出速度配平的前提条件是在自动驾驶未衔接的情况下,飞机处于大推力、低空速阶段。速度配平功能是通过飞行控制计算机(FCC)输出指令作动安定面,稳定飞机的速度,其主要作用是保持飞机空速的稳定性。

当飞机速度减小时,FCC 通过速度配平指令调整安定面作动,使飞机出现低头倾向,从而使飞机速度增加;当飞机速度增大时,FCC 通过速度配平指令调整安定面作动,使飞机出现抬头倾向,从而使飞机速度减小。整个调节过程都是为了保持飞机的速度稳定。

速度配平用于起飞、复飞的补偿功能。速度配平需要来自大气数据惯性基准组件(ADIRU)的实际空速变化和发动机油门信号,以控制配平阈值。波音737MAX 与波音 737NG 速度配平的组成完全相同。

14.3.5 机动特性增强系统简介

波音对于机动特性增强(MCAS)功能的官方解释为:

(1) MCAS 模式是速度配平系统 STS 的两种工作模式中的一种,另一种是"速度配平模式(ST)";

(2) MCAS 模式优先于速度配平模式;

(3) MCAS 的设计目的是:"为了(加强)在高马赫和高迎角条件下的速度稳定性";

(4) MCAS 工作方式是:"以高速模式控制安定面,以增强俯仰操纵特性。MCAS 控制的安定面最大行程为下俯 0.81 个单位至上仰 0.1 个单位。"

(5) MCAS 的启动无需飞行员输入,当飞机的迎角超过基于空速和高度的阈值时,MCAS 功能就会启动;

(6) MCAS 启动后,以每秒 0.27°的变化率指令最大 2.5°的安定面增量,最大持续时间约为 9.26s,且松开配平电门后 5s 后 MCAS 系统又会重新开始工作。

(7) MCAS 工作的条件是:

● 自动驾驶脱开(即人工飞行)

● 襟翼收上位

- 飞行员未输入人工配平
- 系统感应到需要工作

从以上解释可以看出，MCAS 系统实际上并非一个"系统"，而是速度配平系统 STS 的一个新模式。MCAS 功能启动的前提条件是自动驾驶未接通,飞机处于高速运行且大迎角（AOA）时。MCAS 的启动无需飞行员介入,当飞机的迎角超过空速和 AOA 阈值时,MCAS 功能就自动启动。MCAS 功能一旦启动,就会快速调整水平安定面,使机头朝下运动以减小迎角。MCAS 的作用是快速作动安定面,以增强飞机俯仰通道的操纵特性。表 14-1 为波音 737 速度配平系统对比。

表 14-1　波音 737 速度配平系统对比

模　式		ST 模式 （波音 737CL/NG/MAX 系列）	MCAS 模式 （波音 737MAX 系列独有）
不同点	启动条件	任何襟翼位置都可以工作	仅在襟翼收上的情况下工作
	优先级		优先于 ST 模式
	工作模式	以低速模式调整安定面角度	以高速模式（0.27°/s）调整安定面角度
			指令安定面持续下俯配平（朝机头向下方向）长达最多 10s,直到下俯极限位置

14.4　事故再现模拟

根据以上信息,我们利用 JSBSim 和 FlightGear 对"2018 印尼狮航空难"中的波音 737 MAX 飞机进行故障模拟,尽可能真实地还原事故航班的发生经过。

14.4.1 迎角传感器建模

波音 737 MAX 共有两个迎角传感器,从前面的分析中我们得出,正是因为飞机的一侧迎角传感器从一开始就出现了故障,导致了两侧迎角传感器不一致,进而导致空速不可靠,发生失速抖杆警告,从而激活速度配平系统的 MCAS 功能,使得飞机下俯,造成一系列的连锁反应。可见,迎角传感器的故障是这起事故的导火线。因此在进行仿真之前,我们首先要对传感器进行建模,模拟其故障状态,为事故过程模拟做铺垫。

前面章节中我们已经介绍过传感器建模的具体方法,这里我们需要对迎角传感器（AOA）进行建模,在 JSBSim 中迎角的属性为：aero/alpha-deg 和 aero/

alpha-rad,分别表示角度制和弧度制表示的迎角度数。我们需要在 JSBSim 中波音 737 飞机的机型配置文件中的飞行控制部分加入传感器模型:

```
<flight_control name="FCS:737">
……
<channel name="AOA">
        <sensor name="fcs/aoa1">
          <input>aero/alpha-deg</input>
          <bias>10</bias>
        </sensor>

        <sensor name="fcs/aoa2">
          <input>aero/alpha-deg</input>
          <bias>0.0</bias>
        </sensor>
      </channel>
……
</flight_control>
```

(1) 首先,我们需要定义名为 AOA 的通道,在其中对迎角传感器进行建模。

(2) 其次,由于波音 737MAX 有两个迎角传感器,因此建立两个名为"aoa1""aoa2"的迎角传感器,假设其中的"aoa1"传感器为故障传感器。

(3) 传感器的输入是用角度制表示的迎角度数,对其中的"aoa1"传感器设置 10°的偏差,"aoa2"传感器不设置偏差。这样就可以实现"aoa2"传感器输出为正常的迎角度数,"aoa1"传感器输出的迎角度数比实际的迎角度数大 10°,从而模拟两侧迎角传感器读数不一致的情况。

14.4.2 机动特性增强系统建模

如果说迎角传感器故障是这起事故的导火线,那么波音 737MAX 的机动特性增强(MCAS)系统就是导致这次事故发生的直接因素,是事故发生的主要原因。错误的迎角读数使得飞行计算机认为飞机当前处于失速状态,于是当襟翼收上、自动驾驶关闭和迎角读数过大几个条件同时满足时,飞行计算机自动激活 MCAS 系统,直接越过人工权限,在飞行员不知情的情况下开始控制飞机的水平安定面进行配平操作。MCAS 启动后,以每秒 0.27°的变化率指令最大 2.5°的安定面增量,最大持续时间约为 9.26s,且松开配平电门 5s 后 MCAS 系统又会重新开始工作。

根据以上信息,我们就对 MCAS 系统的工作特点有所了解了,于是我们可以在自动飞行脚本中,进行如下设置:

```
<event name="mcas">
  <notify/>
    <condition>
        fcs/aoa1 >= 9
      </condition>
          <set name="fcs/pitch-trim-cmd-norm" value="0.145" action="FG_
RAMP" tc="9.26"/>
          <delay>5</delay>
</event>
```

(1) 首先,在自动飞行脚本中,创建一个名为"mcas"的事件,fcs/aoa1>=9 表示其触发条件为"aoa1"传感器的读数大于 9°;

(2) 当 MCAS 系统被触发时,便会传给水平安定面配平控制信号;

(3) 水平安定面会以每秒 0.27°的变化率偏转最大 2.5°;fcs/pitch-trim-cmd-norm 表示水平安定面的控制属性,action="FG_RAMP"表示控制方式为斜率式控制,即以 value/tc 的速率控制水平安定面偏转固定的角度。这里 value 的值我们设为 0.145,tc 的值我们设为 9.26,偏转速率即为 0.27°/s。

(4) 同时还需设置松开配平电门后 5s 的延迟,<delay>5</delay>表示延迟。

14.4.3 事件脚本设计

在进行仿真前,我们需要为波音 737 飞机设计自动驾驶脚本,JSBSim 中主要通过事件来对飞行过程进行设置,在该飞行脚本文件中主要由 3 个主要事件组成:

- MCAS 作用事件
- 人工电动配平事件
- 松开电动配平电门事件

3 个事件的 XML 格式代码如下:

1. MCAS 作用事件

该事件表示 MCAS 系统接收到了错误的迎角信息,开始发生作用,水平安定面开始越过人工权限,自动调节水平安定面进行俯仰配平。

```xml
<event name="mcas">
  <notify/>
    <condition>
        fcs/aoa1 >= 9
      </condition>
          <set name="fcs/pitch-trim-cmd-norm" value="0.145" action="FG_
RAMP" tc="9.26"/>
          <delay>5</delay>
</event>
```

该事件的触发条件为:fcs/aoa1 >= 9,表示当迎角传感器"aoa1"的读数大于9°时,执行设置(set)操作,即模拟 MCAS 系统开始工作。

设置操作中,主要对"fcs/pitch-trim-cmd-norm"属性进行设置,设置的偏转数值为0.145,增长方式为比例式赋值,即按照一定的速率将当前属性的数值增加到设置的数值,时间常数为9.26。

这里,针对"fcs/pitch-trim-cmd-norm"属性的赋值是经过命令转换的,我们需要到 B737 飞机的机型配置文件中找到水平安定面的偏转角度,在机型配置文件中的飞行控制部分,我们可以找到俯仰通道的定义:

```xml
<channel name="Pitch">


    <summer name="Pitch Trim Sum">
        <input>fcs/elevator-cmd-norm</input>
        <input>fcs/pitch-trim-cmd-norm</input>
        <clipto>
            <min>-1</min>
            <max> 1</max>
        </clipto>
    </summer>


    <aerosurface_scale name="Elevator Control">
```

```
        <input>fcs/pitch-trim-sum</input>
        <range>
            <min>-0. 3</min>
            <max> 0. 3</max>
        </range>
        <output>fcs/elevator-pos-rad</output>
    </aerosurface_scale>

    <aerosurface_scale name = "Elevator Normalized" >
        <input>fcs/elevator-pos-rad</input>
        <domain>
            <min>-0. 3</min>
            <max> 0. 3</max>
        </domain>
        <range>
            <min>-1</min>
            <max> 1</max>
        </range>
        <output>fcs/elevator-pos-norm</output>
    </aerosurface_scale>
```

　　该通道的第一个组件为"俯仰配平求和",它的输入为升降舵控制指令和水平安定面控制指令,它的输出范围为-1~1。第二个组件为"动力学表面范围",它将"俯仰配平求和"作为输入,并指定了转化为以弧度制表示的升降舵位置的转化率,第三个组件为"升降舵标准化"组件,它将升降舵位置作为输入,制定了以弧度制表示的升降舵位置转化为标准化的升降舵位置的转化率。

　　从以上配置我们可以得出安定面控制指令和以弧度表示的安定面位置之间的转化率,为1:0.3,将其化为角度制即1:17.19,由于 MCAS 作用时,水平安定面会以每秒 0.27°的变化率偏转最大 2.5°,因此若要想让水平安定面偏转 2.5°,需要设置水平安定面指令为 2.5/17.19,即 0.145,时间常数为 9.26。这样就可以模拟出波音 737 MAX 真实的机动增强特性的安定面配平速率。此外,由于人工配平结束到自动向下配平开始之间,有短时的时间缺口,约 5s,这是 MCAS 配平系统的工作特性,也需要模拟出来,因此该事件的最后还需设置松开配平电门后 5s 的延迟,<delay>5</delay>表示延迟秒数。

2. 人工电动配平事件

该事件表示飞行员发现飞机有自动下俯的趋势,开始使用电动配平电门,使水平安定面向 MCAS 作用相反的方向运动,从而使飞机停止自动俯仰配平,恢复正常状态。

```
<event name="manual trim">
  <notify/>
  <condition>
      attitude/theta-rad le -0.05
  </condition>
      <set name="fcs/pitch-trim-cmd-norm" value="-0.107" action="FG_RAMP" tc="9.26"/>
</event>
```

该事件触发条件为:attitude/theta-rad le -0.05,即飞机的俯仰角度低于 -0.05rad,其中 attitude/theta-rad 属性表示飞机的俯仰角。

满足条件时,执行设置操作,设置操作中,主要对"fcs/pitch-trim-cmd-norm"属性进行设置,设置的数值为-0.107,动作为比例式赋值,即按照一定的速率将当前属性的数值增加到设置的数值,时间常数为 9.26。

这里根据人工主电动配平的速率设置的安定面偏转速率,即当襟翼收上时,低速配平以每秒 0.2 个单位移动安定面。因此根据安定面控制指令和以角度制表示的安定面位置之间的转化率,这里需要将安定面设置为向上偏转,故 value 值为-0.107,tc 值仍为 9.26。

3. 松开电动配平电门事件

该事件表示,人工操纵电动配平电门后,当飞机恢复正常姿态,飞行员松开电动配平电门,水平安定面回到中立位。

```
<event name="release">
    <notify/>
    <condition>
      aero/alpha-deg >= 0
    </condition>
      <set name="fcs/pitch-trim-cmd-norm" value="0" />
</event>
```

该事件触发条件为: aero/alpha-deg >= 0, 即通过人工电动配平后, 当飞机的迎角大于等于 0° 时, 其中 aero/alpha-deg 属性为迎角度数。

满足条件时飞行员松开人工配平电门, 此时水平安定面会回到中立位, 飞机的俯仰角度低于 -0.05rad, 其中 attitude/theta-rad 属性表示飞机的俯仰角。

满足条件时, 执行设置操作, 设置操作中, 主要对 "fcs/pitch-trim-cmd-norm" 属性进行设置, 设置的数值为 0, 表示中立位, 此操作是在模拟人工电动配平使飞机回到正常姿态, 飞行员松开人工配平电门, 此时水平安定面会回到中立位。

除了以上 3 个主要事件外, 该脚本还主要用到了 simulation/test-variant 属性, 即测试变量属性。由于在 "2018 印尼狮航空难" 中, MCAS 作用和人工配平是交替循环控制飞机的, 最终导致飞机坠毁, 因此以上 3 个事件也会在我们的脚本中循环若干次, 由于最后一次 MCAS 调节水平安定平面的时间过长, 人工配平时间不足, 导致飞机姿态失去稳定性, 飞行员人工控制已经来不及将飞机拉回正常姿态。所以虽然同样的时间要执行多次, 但由于作用时间不同, 所以每个循环中的事件设置可能略有不同, 因此, 需要设置测试变量属性, 用于区分不同时间的相同事件, 测试变量属性的设置需要穿插在 3 个主要时间中。

在仿真的后半段, 我们需要根据事故当时的情况, 将 MCAS 的作用时间延长, 将人工电动配平的时间缩短, 模拟出在飞行的最后时段内, MCAS 系统作用完一个完整的时间周期, 而飞行员的人工配平时间又不足以抵消飞机的下俯力矩, 延迟 5s 后, MCAS 系统再次作用, 飞机姿态失去稳定性, 此时飞行员拉杆已经无济于事, 最终飞机坠入海中的情况。

最后, 需要设置脚本的输出选项。在本仿真中, 我们主要关注高度、速度、水平安定面位置、经度及纬度信息, 因此编写输出属性如下:

```
<output name="737MAX. csv" type="CSV" rate="1" flie="unitconversions. xml">
<property>position/h-agl-ft</property>
<property>velocities/mach</property>
<property>position/lat-gc-rad</property>
<property>position/long-gc-rad</property>
</output>
```

14.4.4 机动特性增强系统故障场景仿真步骤

（1）首先打开 FlightGear，选择要进行失效仿真的对应机型，机型可以从官网下载，然后将压缩文件解压到 FlightGear/data/aircraft 文件中，即可在 FlightGear 的机型页面看到对应机型。

（2）打开 FlightGear 设置界面，输入命令行：

```
--native-fdm=socket,in,30,,5508,udp
--fdm=external
```

（3）点击 FlightGear 的"Fly！"按钮进入 FlightGear 仿真场景，初始界面为所选机型和机场。

（4）将上一节编写好的 JSBSim 自动飞行脚本 mcas.xml 放入 JSBSim/scripts 脚本文件夹中。

（5）将 JSBSim 路径中的 data-output 文件夹中名为 flightgear.xml 的文件中的"port"端口值修改为 5508，与 FlightGear 设置界面中的接收值保持一致，保证 JSBSim 与 FlightGear 之间的通信。

（6）打开系统命令执行程序，指定 JSBSim 路径，运行 JSBSim，输入命令行：

```
<path>\JSBSim.exe
--realtime
  data_output/flightgear.xml
--script=scripts/xxx
```

（7）随着 JSBSim 的运行，可以看到 FlightGear 中视景仿真的开始，系统命令执行程序界面显示实时飞行参数，而记录完整飞行过程的 CSV 文件则保存在 JSBSim 文件夹中。

14.5 仿真结果

14.5.1 仿真场景

在 FlightGear 和 JSBSim 的模拟仿真中，飞机主要经历巡航阶段、MCAS 作用阶段、人工电动配平阶段和飞机坠落阶段，如图 14-8～图 14-11 分别为

FlightGear 中各个阶段的仿真截图。

图 14-8　波音 737MAX 巡航阶段的 FlightGear 仿真图

图 14-9　波音 737MAX MCAS 作用阶段的 FlightGear 仿真图

图 14-10　波音 737MAX 人工配平阶段的 FlightGear 仿真图

图 14-11　波音 737MAX 坠毁阶段的 FlightGear 仿真

从图 14-8 可以看出刚开始飞机处于正常巡航状态;之后由于迎角传感器读数不一致,使得 MCAS 系统误以为飞机迎角过大,为了防止失速,MCAS 系统启动控制水平安定面偏转进行自动配平,飞机开始呈现下俯姿态,如图 14-9 所示;机组发现飞机有下俯趋势时,开始向后带杆并向后打配平,自动配平停止,飞机下俯姿态改为图 14-10 所示的微上仰姿态,当驾驶杆不再有力的时候飞行员不再进行人工配平,但 MCAS 系统的工作原理是人工配平结束 5s 后立刻开始自动配平,因此飞机再次下俯,飞行员发现后再进行人工配平,这样循环往复很多次后,最后阶段飞机自动向下配平的持续时间变长,而机组人工向上(向后)配平的持续时间变短,最终导致飞机杆力太大,机组无法控制,飞机保持下俯姿态直至坠毁,如图 14-11 所示。

14.5.2 仿真数据

将飞行数据导入 MATLAB 中,用 MATLAB 分别画出高度、飞行马赫数(速度)、水平安定面位置随时间变化的曲线,分别如图 14-12~图 14-14 所示;同时利用仿真过程的高度、飞行马赫数(速度)、水平安定面位置、经度和纬度等信息画出飞行轨迹图,如图 14-15 所示。

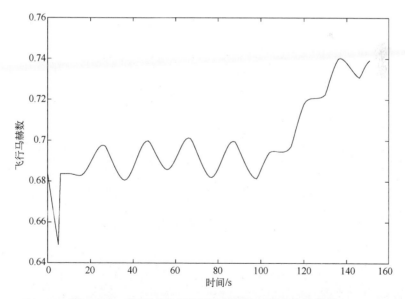

图 14-12　仿真过程中飞行马赫数随时间变化的曲线

从图 14-15 中可以看出,迎角数据发生错误后,MCAS 系统开始工作,飞机开始自动向下配平,随后机组向上(向后)打配平,机组松开配平电门,飞机再次

向下配平,机组再次电动配平,这样的交替往复过程进行了几次之后,飞机失去
稳定姿态,直至最后坠海。

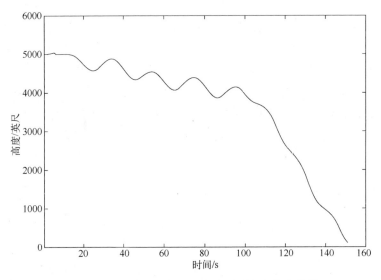

图 14-13 仿真过程中飞机高度随时间变化的曲线

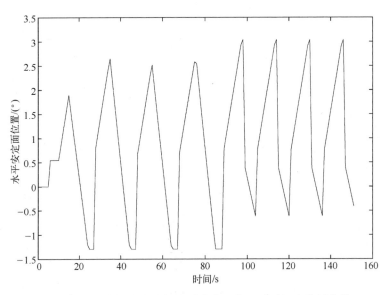

图 14-14 仿真过程中飞机水平安定面位置随时间变化的曲线

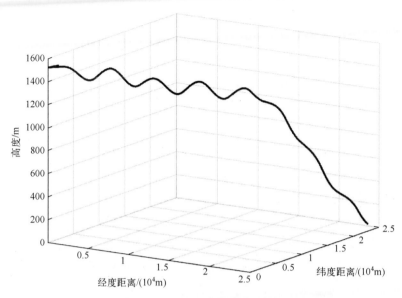

图 14-15　机动特性增强系统故障的仿真飞行轨迹图

第 15 章 总 结

　　飞行事故的发生不但会干扰正常的飞行任务,还会对人们的生命财产安全造成威胁,如果能在飞机设计之初或事故发生之后对种种失效场景进行模拟仿真,尽可能真实地还原事故发生经过,分析事故发生原因,验证飞行器飞行动力特性,提出改进措施,则可在一定程度上避免此类事故的发生。因此,飞行失效场景仿真具有实际的重大意义。通过回顾历史和分析现状,我们对飞行模拟和飞行失效仿真有了更深刻的认识,可见当前基于 FlightGear 和 JSBSim 的失效场景仿真技术有一定基础,但仍有需要完善之处。当前研究没有充分利用 JSBSim 作为一款独立飞行动力学软件的便利性,未能使用其强大的脚本控制、机型配置和批处理能力;针对飞行失效的仿真模拟也不够具体详细,从方法原理层面的具体仿真过程叙述少之又少;对于飞机重要系统的失效仿真仍有部分空白。

　　由于飞行失效仿真具有节省时间经济成本、跨平台、可视化、可配置性、具有飞行动力学基础、输入输出接口充足等优点,在未来,飞行失效仿真在飞行硬件测试、模拟驾驶平台实现、飞行关键系统验证以及故障预测和故障诊断等领域还将继续发挥着不可获缺的作用,同时也可以作为在线验证、实时监测和批量化测试等领域中的重要对象。

　　在工程飞行器设计领域中,出现飞行模拟仿真之前,飞行器的试验和验证只能通过飞行试验来进行,然而,在系统生命周期的这个阶段才发现设计错误的修正成本会异常高昂。在某些飞机系统的开发中,设计错误会危及试验飞机的安全,检测并隔离该错误需要获取适当的数据,这也离不开飞行器的失效模拟仿真。通过飞行失效仿真,能够与实际飞行验证机一样开展同样的飞行测试,能够更容易检测到设计中存在的不足,更重要的是在项目的早期阶段检测到缺陷,能够显著降低全寿命周期费用。此外,通过飞行失效仿真获取的数据能够用于评估飞机系统的性能指标和技术特征,可以利用这些数据开展系统分析,数据的分析还可以利用可视化工具的支持,可以从中发现意料不到的行为或系统相应的异常,从而帮助飞行器设计者确定最优设计或确认飞行器系统能够完全满足系统设计的要求。因此,开展飞行失效模拟仿真是非常有必要的。

本书中对飞行仿真原理及失效原理进行了介绍,总结了现存的军用和民用航空的主要飞行仿真系统;同时对本书中所使用的两款主要的飞行仿真软件 FlightGear 和 JSBSim 进行了介绍,对其应用和使用方法做了简要概述,创新性地将失效仿真、飞行器可视化仿真和飞行动力学仿真结合到一起,使得本书中的飞行失效仿真既有动力学原理支撑、又有失效故障原理的注入,同时还兼具可视性。其次,还介绍了飞行仿真软件 FlightGear 和 JSBSim 的编译方法,使读者可以从源代码层面去修改软件,获得想要实现的功能与仿真,提高了飞行失效仿真的拓展性。最后,本书还介绍了如何针对不同环境因素,对飞机具体系统或部件进行失效仿真的实例,提供了具体的失效仿真过程介绍,以及飞行数据的实时获取,并利用已获得的数据进行飞行过程分析,对于飞行器失效过程模拟、原因探寻以及基于飞行失效仿真的测试与评估具有一定的指导意义。

参 考 文 献

[1] 李映红,韩勐. 飞行模拟器的发展历程及发展趋势研究[J]. 河南科技,2019(25):3.

[2] ALLERTON D. Principles of flight simulation[M]. New York:John Wiley & Sons,2009.

[3] 胡峰,孙国基. 航天仿真技术的现状及展望[J]. 系统仿真学报,1999,11(2):83-88.

[4] 侯玉洁,院老虎. 基于 Flightgear 轻型飞机动力学三维视景仿真研究[J]. 中国科技纵横,2016 (5):1.

[5] 蔚海军. 基于 FlightGear 的直升机飞行模拟系统研究[D]. 大连:大连理工大学,2008.

[6] 彭卫东,廖文宇,张熙,等. 基于 FlightGear 的综合航电主飞行显示器设计[J]. 航空计算技术, 2018,48(1):87-90.

[7] 翟彬,薛明旭. FlightGear 在无人机实时飞行仿真中的应用[J]. 现代电子技术,2010,33(13): 24-26.

[8] VEHICLES A. Civilian applications:the challenges facing the UAV industry[J]. Air & Space Europe, 1999,1(5):63-66.

[9] VOGELTANZ T, JAŠEK R. Flightgear application for flight simulation of a mini-uav[C]//AIP Conference Proceedings. AIP Publishing LLC,2015,1648(1):550014.

[10] 郭卫刚,韩维,王秀霞. 基于 Matlab/Flightgear 飞机飞行性能的可视化仿真系统[J]. 实验技术与管理,2010,27(10):110-112.

[11] 张垚,鲜斌,于琰平,等. 四旋翼无人机可视化半实物仿真平台研究[J]. 仪器仪表学报,2012,33 (11):7.

[12] 张勇,李亮. 基于 Simulink 和 FlightGear 的飞行器可视化飞行仿真[J]. 职大学报,2014(4):100-103.

[13] 施雯. 基于 FlightGear 的无人机编队对地作战可视化系统研发[D]. 沈阳:沈阳航空航天大学,2016.

[14] PRABOWO Y A,TRILAKSONO B R,TRIPUTRA F R. Hardware in-the-loop simulation for visual servoing of fixed wing UAV[C]//2015 international conference on electrical engineering and informatics (ICEEI). IEEE,2015:247-252.

[15] BO Z,BIN X,YAO Z,et al. Hardware-in-loop simulation testbed for quadrotor aerial vehicles[C]// Proceedings of the 31st Chinese Control Conference. IEEE,2012:5008-5013.

[16] 李瑞,史莹晶,李青松. 基于 VxWorks 的小型四旋翼飞行器半实物仿真平台设计[J]. 实验室研究与探索,2018,37(8):6.

[17] VOLKANER B,SOZEN S N,OMURLU V E. Realization of a desktop flight simulation system for motion-cueing studies[J]. International Journal of Advanced Robotic Systems,2016,13(3):85.

[18] CANTARELO O C,ROLLAND L,O'YOUNG S. Validation discussion of an Unmanned Aerial Vehicle

（UAV）using JSBSim Flight Dynamics Model compared to MATLAB/Simulink AeroSim Blockset［C］// IEEE International Conference on Systems,Man,and Cybernetics. IEEE,2017:003989-003994.

［19］ 周强．基于实时系统的 GPS 仿真器设计［D］．沈阳:沈阳航空航天大学,2016.

［20］ 王希．小型无人机飞控系统的搭建与研究［D］．天津:天津大学,2013.

［21］ 赵平文,赵鑫业,孙光明,等．微下击暴流突发状况下 Cessna-C310 起飞仿真测试［J］．舰船电子工程,2018,38(2):83-86.

［22］ 陈琦．基于 FlightGear 的低空风切变飞行模拟研究［D］．天津:中国民航大学,2014.

［23］ DETERS R W,DIMOCK G A,SELIG M S. Icing encounter flight simulator［J］. Journal of aircraft, 2006,43(5):1528-1537.

［24］ ARANTES J D S,ARANTES M D S,TOLEDO C F M,et al. A Multi-population Genetic Algorithm for UAV Path Re-planning under Critical Situation［C］//IEEE,International Conference on TOOLS with Artificial Intelligence. IEEE,2016:486-493.

［25］ SILVA ARANTES J,SILVA ARANTES M,MOTTA TOLEDO C F,et al. Heuristic and genetic algorithm approaches for UAV path planning under critical situation［J］. International Journal on Artificial Intelligence Tools,2017,26(01):1760008.

［26］ SUTTON G P,BIBLARZ O. Rocket propulsion elements［M］. New York:John Wiley & Sons,2016.

［27］ 陆泉望．小型无人机控制与仿真环境快速原型设计技术研究［D］．南京:南京航空航天大学,2013.

［28］ ZHANG J,XU H,ZHANG D,et al. Safety modeling and simulation of multi-factor coupling heavy-equipment airdrop［J］. Chinese Journal of Aeronautics,2014,27(5):1062-1069.

［29］ 刘培强．小型无人直升机飞行控制软件及仿真系统的开发［D］．南京:南京航空航天大学,2010.

［30］ 黄海．无人直升机悬停/小速度段的飞行控制律设计技术研究［D］．南京:南京航空航天大学,2010.

［31］ 侯学智．基于 FlightGear 的客机飞行模拟软件设计［J］．科技创新导报,2018,15(15):16-17.

［32］ 张晓飞．面向运动模拟的飞行器动力学建模及仿真［D］．北京:北京交通大学,2014.

［33］ 金阳,张宣,李青元．三维渲染引擎 OGRE 与 OSG 的比较综述［J］．数字技术与应用,2011(10): 175-177.

［34］ 崔健．基于中标麒麟的火箭飞行三维实时仿真系统的研究与实现［D］．重庆:重庆大学,2014.

［35］ 刘鹏．基于 FlightGear 的无人直升机飞行仿真技术研究［D］．南京:南京航空航天大学,2011.

［36］ 宣昊．无人直升机飞行控制及其视景仿真研究［D］．南京:南京航空航天大学,2013.

［37］ 吴扬．虚拟试验风场建模及应用技术研究［D］．哈尔滨:哈尔滨工业大学,2011.

［38］ 白健,李勇,高霞,等．基于 Prony 模型的低空风切变快速检测算法［J］．计算机测量与控制,2009 (10):1889-1891.

［39］ 胡琦．基于多普勒气象雷达的风切变预测研究［D］．上海:上海交通大学,2012.

［40］ LAN C T E,KESHMIRI S,HALE R. Fuzzy-logic modeling of a rolling unmanned vehicle in Antarctica wind shear［J］. Journal of guidance,control,and dynamics,2012,35(5):1538-1547.

［41］ 刘夔．无人机地面控制站的设计与开发［D］．南京:南京航空航天大学,2013.

[42] 陈慧杰. 某型无人机涡喷发动机空中停车故障分析[J]. 兵器装备工程学报,2017(7):78-81.

[43] 李大伟,满朝禹,李振宇. 多不利因素综合作用下飞行风险评估方法研究[J]. 飞机设计,2017(5):7-11.

[44] 黄开. 无人机应急着陆控制技术研究[D]. 南京:南京航空航天大学,2014.

[45] 赵鹏轩,朱江. 飞行仿真技术在飞行控制系统研制中的应用研究[J]. 测控技术,2018,37(B11):4.

[46] 郑凌霄. 大型民用飞机飞行控制系统鲁棒故障诊断[D]. 上海:上海交通大学,2014.

[47] 顾军. 失速及其应对方法的讨论[D]. 南京:南京航空航天大学,2012.

[48] 王得举. 飞机热气防冰系统的研究及仿真平台开发[D]. 上海:上海交通大学,2016.

[49] 魏航科,刘成林,呼曦. 基于 FlightGear 的空中交通预警和防撞系统仿真与验证[J]. 计算机光盘软件与应用,2015,18(1):93-96.

[50] ACHACHI A,BENATIA D. TCAS solution to reduce alarm rate in cockpit and increase air safety[J]. International Journal of Control and Automation,2015,8(4):157-168.

[51] 徐永旺. 无人机自动驾驶仪设计及控制方法研究[D]. 哈尔滨:哈尔滨工程大学,2010.

[52] 胡占双. 无人机飞行姿态检测及控制研究[D]. 沈阳:沈阳航空航天大学,2013.

[53] 路凯. 多模机载卫星导航天线的研究[D]. 大连:大连海事大学,2009.

[54] 那婷. 自主式电子地图辅助导航系统的硬件平台设计[D]. 哈尔滨:哈尔滨工程大学,2009.

[55] 马骏. 大飞机综合导航算法研究[D]. 哈尔滨:哈尔滨工业大学,2008.

[56] 苏玉涛. 组合导航系统精度的研究[D]. 南京:南京航空航天大学,2004.

[57] 叶林瓒. 大型飞机导航系统仿真[D]. 北京:北京航空航天大学,2011.

[58] 王晨,易廷茂,邵成龙. 飞机自动驾驶仪故障诊断专家系统设计[J]. 机械与电子,2015(1):70-72.

[59] 沈永奎. 飞机操纵系统建模与仿真研究[D]. 西安:西北工业大学,2005.

[60] 蒋文涛. 大型飞机水平安定面作动器结构可靠性分析[D]. 南京:南京航空航天大学,2010.

[61] 车啸龙. 飞机操纵系统伺服作动器-操纵面的设计与仿真[D]. 哈尔滨:哈尔滨工程大学,2015.

[62] 付长安,张显余,魏秀玲. 某型飞机水平尾翼抖动故障分析[J]. 液压与气动,2012(10):125-126.

[63] ALCALAY G,SEREN C,HARDIER G,et al. An adaptive Extended Kalman Filter for monitoring and estimating key aircraft flight parameters[J]. IFAC-PapersOnLine,2018,51(24):620-627.

[64] 张振华. 分布式大气数据系统的结构和软件设计[D]. 成都:电子科技大学,2012.

[65] 宋秀毅. 嵌入式大气数据传感系统算法及应用研究[D]. 南京:南京航空航天大学,2009.

[66] 李波. 无人机导航系统故障检测方法研究[D]. 武汉:武汉理工大学,2019.

[67] SEVIL H E,DOGAN A. Fault diagnosis in air data sensors for receiver aircraft in aerial refueling[J]. Journal of Guidance,Control,and Dynamics,2015,38(10):1959-1975.

[68] 谢勇. 无人直升机飞行传感器仿真及其故障诊断与容错技术研究[D]. 南京:南京航空航天大学,2010.

[69] ALJANAIDEH K F,BERNSTEIN D S. Aircraft sensor health monitoring based on transmissibility opera-

tors[J]. Journal of Guidance,Control,and Dynamics,2015,38(8):1492-1495.

[70] 赵彪. 高超声速飞行器技术发展研究[D]. 哈尔滨:哈尔滨工业大学,2010.

[71] MOON K H,GANG J H,KIM D S,et al. A Probabilistic based Systems Approach to Reliability Prediction of Solid Rocket Motors[J]. International Journal of Aeronautical and Space Sciences,2016,17(4): 565-578.

[72] 赵劲松. 飞行模拟器辅助操纵负荷系统的研究[D]. 哈尔滨:哈尔滨工业大学,2008.